46亿

亿

地 球 简 史

日本朝日新闻出版 著

张玉 北异 傅栩 译

显生宙
古生代
1

人民文学出版社

PEOPLE'S LITERATURE PUBLISHING HOUSE

冯伟民先生是南京古生物博物馆的馆长，是国内顶尖的古生物学专家。此次出版"46亿年的奇迹：地球简史"丛书，特邀冯先生及其团队把关，严格审核书中的科学知识，并作此篇导读。

"46亿年的奇迹：地球简史"是一套以地球演变为背景，史诗般展现生命演化场景的丛书。该丛书由50个主题组成，编为13个分册，构成一个相对完整的知识体系。该丛书包罗万象，涉及地质学、古生物学、天文学、演化生物学、地理学等领域的各种知识，其内容之丰富、描述之细致、栏目之多样、图片之精美，在已出版的地球与生命史相关主题的图书中是颇为罕见的，具有里程碑式的意义。

"46亿年的奇迹：地球简史"丛书详细描述了太阳系的形成和地球诞生以来无机界与有机界、自然与生命的重大事件和诸多演化现象。内容涉及太阳形成、月球诞生、海洋与陆地的出现、磁场、大氧化事件、早期冰期、臭氧层、超级大陆、地球冻结与复活、礁形成、冈瓦纳古陆、巨神海消失、早期森林、冈瓦纳冰川、泛大陆形成、超级地幔柱和大洋缺氧等地球演变的重要事件，充分展示了地球历史中宏伟壮丽的环境演变场景，及其对生命演化的巨大推动作用。

除此之外，这套丛书更是浓墨重彩地叙述了生命的诞生、光合作用、与氧气相遇的生命、真核生物、生物多细胞、埃迪卡拉动物群、寒武纪大爆发、眼睛的形成、最早的捕食者奇虾、三叶虫、脊椎与脑的形成、奥陶纪生物多样化、鹦鹉螺类生物的繁荣、无颌类登场、奥陶纪末大灭绝、广翅鲎的繁荣、植物登上陆地、菊石登场、盾皮鱼的崛起、无颌类的繁荣、肉鳍类的诞生、鱼类迁入淡水、泥盆纪晚期生物大灭绝、四足动物的出现、动物登陆、羊膜动物的诞生、昆虫进化出翅膀与变态的模式、单孔类的诞生、鲨鱼的繁盛等生命演化事件。这还仅仅是丛书中截止到古生代的内容。由此可见全书知识内容之丰富和精彩。

每本书的栏目形式多样，以《地球史导航》为主线，辅以《地球博物志》《世界遗产长廊》《地球之谜》和《长知识！地球史问答》。在《地球史导航》中，还设置了一系列次级栏目：如《科学笔记》注释专业词汇；《近距直击》回答文中相关内容的关键疑问；《原理揭秘》图文并茂地揭示某一生物或事件的原理；《新闻聚焦》报道一些重大的但有待进一步确认的发现，如波兰科学家发现的四足动物脚印；《杰出人物》介绍著名科学家的相关贡献。《地球博物志》描述各种各样的化石遗痕；《世界遗产长廊》介绍一些世界各地的著名景点；《地球之谜》揭示地球上发生的一些未解之谜；《长知识！地球史问答》给出了关于生命问题的趣味解说。全书还设置了一位卡通形象的科学家引导阅读，同时插入大量精美的图片，来配合文字解说，帮助读者对文中内容有更好的理解与感悟。

因此，这是一套知识浩瀚的丛书，上至天文，下至地理，从太阳系形成一直叙述到当今地球，并沿着地质演变的时间线，形象生动地描述了不同演化历史阶段的各种生命现象，演绎了自然与生命相互影响、协同演化的恢宏历史，还揭示了生命史上一系列的大灭绝事件。

科学在不断发展，人类对地球的探索也不会止步，因此在本书中文版出版之际，一些最新的古生物科学发现，如我国的清江生物群和对古昆虫的一系列新发现，还未能列入到书中进行介绍。尽管这样，这套通俗而又全面的地球生命史丛书仍是现有同类书中的翘楚。本丛书图文并茂，对于青少年朋友来说是一套难得的地球生命知识的启蒙读物，可以很好地引导公众了解真实的地球演变与生命演化，同时对国内学界的专业人士也有相当的借鉴和参考作用。

冯伟民

2020 年 5 月

冥古宙 46亿年前 —40亿年前	太阳和地球的起源 巨大撞击与月球诞生 生命母亲：海洋的诞生
太古宙 40亿年前 —25亿年前	生命的诞生 磁场的形成和光合作用
元古宙 25亿年前 —5亿4100万年前	大氧化事件 最古老的超级大陆努纳 冰雪世界 雪球假说
古生代 5亿4100万年前 —2亿5217万 年前	生物大进化 寒武纪大爆发 三叶虫的出现 鹦鹉螺类生物的繁荣 地球最初的大灭绝 巨神海的消失 鱼的时代 生物的目标场所：陆地 陆地生活的开始 巨型植物造就的"森林" 昆虫的出现 超级大陆：泛大陆的诞生 史上最大的物种大灭绝
中生代 2亿5217万年前 —6600万年前	恐龙出现 哺乳动物登场 恐龙繁荣 海洋中的爬行动物与翼龙 大西洋诞生 从恐龙到鸟 大地上开出的第一朵花 菊石与海洋生态系统 海洋巨变 一代霸主霸王龙 巨型肉食性恐龙繁荣 小行星撞击地球与恐龙灭绝
新生代 6600万年前 至今	哺乳动物的时代 大岩石圈崩塌 喜马拉雅山脉形成 南极大陆孤立 灵长类动物进化 现存动物的祖先们 干燥的世界 早期人类登场 冰河时代到来 直立人登场 智人登场 猛犸的时代 冰河时代结束 古代文明产生 现在的地球
	地球与宇宙的未来 矿物与人类 地球上的能源

（左侧纵向：显 生 宙）

1 | **生物大进化 寒武纪大爆发**

4 | 地球的足迹
寒武纪之园

7 | **热闹的远古海洋**

10 | 地球史导航
寒武纪大爆发
生物史上划时代的
进化"大爆发"

15 | 原理揭秘
现生动物进化至今的系谱是怎样的？

16 | 地球史导航
眼睛的诞生
生物大进化的契机
是眼睛？

21 | 来自顾问的话
"眼睛的诞生"中的遗留问题

22 | 地球史导航
最早的捕食者奇虾
寒武纪最大、最强？
奇虾的秘密

27 | 原理揭秘
奇虾是什么样的动物？

28 | 地球博物志
寒武纪的生物

30 | 世界遗产长廊
加拿大落基山公园群

32 | 地球之谜
前寒武纪时代的金属螺栓

34 | 长知识！**地球史问答**

CONTENTS
目录

35 **三叶虫的出现**

38 地球的足迹
生命的"革命家"沉眠的大地

40 生存竞争的开始

42 地球史导航
三叶虫的繁盛
用坚硬的盔甲武装身体的
化石之王三叶虫

47 来自顾问的话
具备高性能游动能力的三叶虫是
捕食者吗？

48 原理揭秘
支撑三叶虫繁盛的三大能力

50 地球史导航
进化出脊椎
进化出支撑身体的
脊梁骨的生物

54 地球史导航
脑的诞生
拥有脑的生物
激化了生存竞争

59 原理揭秘
神经与脑的进化

60 地球博物志
三叶虫的化石

62 世界遗产长廊
黄山

64 地球之谜
百慕大三角

66 长知识！**地球史问答**

67 **鹦鹉螺类生物的繁荣**

70 地球的足迹
留在山体表面的海洋记忆

72 讴歌"春天"的生物

74 地球史导航
礁的形成
骨骼生物的增加拉开了
新造礁时代的序幕

79 原理揭秘
在长满骨骼生物的礁形成之前

80 地球史导航
奥陶纪的生物多样化
生物在全新的舞台上
发生了重组

84 地球史导航
鹦鹉螺类生物的繁荣
奥陶纪最强大的捕食者
鹦鹉螺类生物的出现

89 来自顾问的话
探索头足类的初期进化

91 原理揭秘
鹦鹉螺类的身体构造

92 地球博物志
鹦鹉螺类

94 世界遗产长廊
新喀里多尼亚

96 地球之谜
亚马孙河的"波罗罗卡"

98 长知识！**地球史问答**

CONTENTS
目录

99 地球最初的大灭绝

102 地球的足迹
繁盛与灭亡之海

104 鱼类的黎明

106 地球史导航
无颌类登场
在脊椎动物的进化过程中
没有颌的鱼类出现

111 原理揭秘
在太古之海中繁盛的无颌类家族

112 地球史导航
冈瓦纳古陆
超级大陆分裂
孕育生物的新天地

116 地球史导航
奥陶纪末大灭绝
化为生物坟场的
奥陶纪之海

121 来自顾问的话
陆地生态系统的建立带来的地球生
物圈的一大变革

123 原理揭秘
大灭绝的两个阶段

124 地球博物志
奥陶纪的动物

126 世界遗产长廊
塔斯马尼亚原生态地区

128 地球之谜
天降异物

130 长知识！地球史问答

131 国内名校校长推荐

生物大进化
寒武纪大爆发

5亿4100万年前—5亿2100万年前
［古生代］

古生代是指5亿4100万年前—2亿
5217万年前的时代。这时地球上开始
出现大型动物，鱼类繁盛，动植物纷
纷向陆地进军。这是一个生物迅速演
化的时代。

第 3 页　图片 / 由加拿大皇家安大略博物馆和加拿大公园管理局授权 © 皇家安大略博物馆
第 4 页　图片 / 白尾元理
第 7 页　插画 / 月本佳代美
第 9 页　插画 / 斋藤志乃
第 11 页　插画 / 加藤爱一
　　　　图片 / 科罗拉多高原地理系统公司
第 12 页　插画 / 斋藤志乃
　　　　插画 / 月本佳代美
第 13 页　图片 / 加拿大图库 / 阿拉米图库
　　　　图片 / 由加拿大皇家安大略博物馆和加拿大公园管理局授权 © 皇家安大略博物馆
　　　　插画 / 月本佳代美
　　　　插画 / 真壁晓夫
　　　　图片 /PPS
第 14 页　插画 / 真壁晓夫（负责绘制前寒武纪生物、多齿异状栉水母、小舌形贝、加拿大虫、
　　　　系统树的背景）、斋藤志乃（负责绘制系统树）、月本佳代美（负责绘制除前述外的其他
　　　　部分）
　　　　本页图片均由图片图书馆提供
第 15 页　本页图片均由图片图书馆提供
第 17 页　图片 / 约翰·帕特森
第 18 页　插画 / 月本佳代美
　　　　图片 /PPS
　　　　图片 / 图片图书馆
第 19 页　图片 /PPS、PPS
　　　　图片 / 迪特尔·华纳斯泽克
第 20 页　图片 / 地质古生物学工作室
　　　　图片 /PPS、PPS
第 21 页　本页图片均由田中源吾提供
第 23 页　图片 / 三叶虫的巢穴 / 联合图片社
第 24 页　图片 / 地质古生物学工作室
　　　　图片 /aja.inc
第 25 页　插图 / 土屋香 / 地质古生物学工作室
　　　　图片 / 由加拿大皇家安大略博物馆和加拿大公园管理局授权 © 皇家安大略博物馆
　　　　插画 / 斋藤志乃
第 26 页　插画 / 加藤爱一
　　　　图片 / 由加拿大皇家安大略博物馆和加拿大公园管理局授权 © 皇家安大略博物馆
第 28 页　图片 /C-MAP
　　　　本页其他图片均由加拿大皇家安大略博物馆和加拿大公园管理局授权 © 皇家安大略博物馆
　　　　本页插画均由月本佳代美绘制
第 29 页　图片 /PPS
　　　　图片 / 日本蒲郡市生命之海科学馆、日本蒲郡市生命之海科学馆
　　　　插画 / 真壁晓夫、真壁晓夫
　　　　图片 / 迪特尔·华纳斯泽克、迪特尔·华纳斯泽克
　　　　图片 / 田中源吾
第 30 页　插画 / 三好南里
第 31 页　图片 /Aflo
第 32 页　图片 / 联合图片社
第 33 页　本页图片均由联合图片社提供
第 34 页　图片 / 日本产业技术综合研究所 / 地质调查综合中心
　　　　图片 / 日本三笠市立博物馆 / 地质古生物学工作室
　　　　图片 / 日本北茨城市地质公园
　　　　图片 /123RF

—顾问寄语—

日本海洋科学技术中心研究员 田中源吾

远古时期的地球生物常常以化石的形式被保存在地层中。

生物以肉眼可见的形式存在的时代统称为"显生宙"。

古生代寒武纪是显生宙最早的时代，如今这个生机勃勃的世界就是从显生宙开始的。

让我们通过观察地层中的化石记录，一起来看看寒武纪的世界吧！

寒武纪之园

峭立的群峰、散布山间的大冰原、祖母绿的湖水、壮观的瀑布……加拿大落基山脉是世界上数一数二的旅游胜地，山中有一处远古生物的"乐园"——布尔吉斯页岩，人们在这里发现了大量寒武纪生物的化石。寒武纪始于5亿4100万年前，这个时期发生了"寒武纪大爆发"，从此绝大多数现生生物的祖先都集体"亮相"了。"人"也将从这些幸存者中诞生。冰川侵蚀后雄峰耸立的大地上，人类的祖先长眠于此。

**能看到布尔吉斯页岩的
沃尔科特采石场**

布尔吉斯页岩位于加拿大不列颠哥伦比亚
省的幽鹤国家公园内。沃尔科特采石场
因其发现者查尔斯·沃尔科特而得名。采
石场位于半山腰，曾开采出寒武纪生物的
化石，至今仍受到许多研究者的关注。

热闹的远古海洋

生命从 38 亿年前飘荡在海洋深处的有机物中诞生，此后历经很长时间，逐渐从单细胞生物进化到多细胞生物。距今 5 亿 4100 万年前，生命历史上的"寒武纪"这一新时代拉开帷幕。各种各样此前不存在的动物迅速在地球上诞生了。这起划时代的事件便是"寒武纪大爆发"。如今地球上动物的祖先都在这之后集体出现，其中一条演化线与人类的诞生密切相关。

乌海蛭　　马尔虫　　欧巴宾海蝎　　奇虾　　三叶虫

泳虾　　奥托虫　　皮卡虫　　怪诞虫　　威瓦亚虫

寒武纪大爆发

生物史上划时代的进化『大爆发』

生命诞生后经历了 30 多亿年缓慢的变化。然而有一天，进化时钟突然加速，现生动物的『基本构造』迅速完成了。

发生在寒武纪时期的生命大爆发

动物经受了地球冰冻的严酷环境后，建立了"埃迪卡拉纪乐园"。然而过了不到 3000 万年，埃迪卡拉动物群的繁荣便终结了。5 亿 4100 万年前，新的时代拉开了序幕。这就是古生代寒武纪。

这个时代与此前的"前寒武纪时代"有着根本性的不同。各种各样有着甲壳、腿、眼睛的动物一齐亮相了。

形形色色的动物突然出现，这让在《物种起源》中提倡进化论的达尔文感到头疼，因为他的学说无法解释寒武纪地层中出现"复杂生物"化石的现象。依据进化论的观点，生物应该是缓慢变化的，逐渐增加种类，不会突然出现大量物种。但是，在寒武纪早期，生物的门类已经齐全了。

这个时代，现生生物的基本分类几乎全部出现。这起生物进化的大爆发事件史称"寒武纪大爆发"。

寒武纪大爆发的想象图

现生动物是按照"门"来分类的，例如人是"脊索动物门"，昆虫是"节肢动物门"。在寒武纪，门类都齐全了。

这个时代的爆发式进化，是连达尔文都头疼的谜题啊！

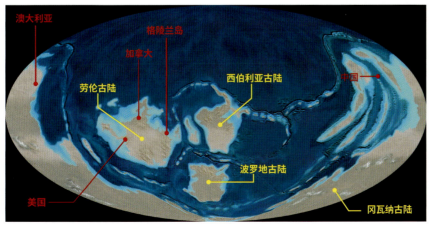

澳大利亚
格陵兰岛
加拿大
劳伦古陆
西伯利亚古陆
中国
美国
波罗地古陆
冈瓦纳古陆

寒武纪时期，以南极为中心有冈瓦纳古陆，赤道附近有劳伦古陆。寒武纪与此前时代最大的区别在于：生物变成清晰的化石保留了下来。很多现生动物的祖先都是从这个时候开始成为化石的。加拿大和中国是这个时代化石的重要产地。

当时的大陆名用黄字标出，相当于现在地名的位置用红字标出

生物进化之谜

『寒武纪大爆发』

🔵 寒武纪的农耕革命

进入寒武纪，底栖穴居的物种增多了，就像是在海底"耕作"，翻腾起海底沉积的多种物质，使其溶入海水中。这被称为"寒武纪的农耕革命"。

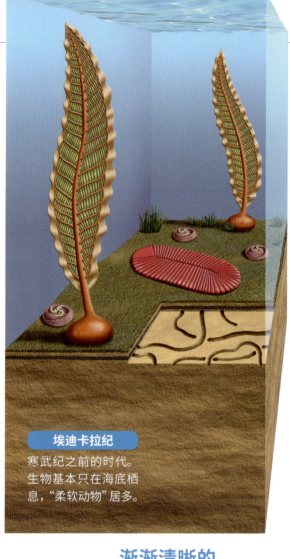

埃迪卡拉纪

寒武纪之前的时代。生物基本只在海底栖息，"柔软动物"居多。

1909 年夏，美国古生物学家查尔斯·沃尔科特和家人一起造访了加拿大不列颠哥伦比亚省的山区。他的目的是调查史蒂芬山[注1]附近产出的三叶虫化石。那一年的调查即将结束时，沃尔科特在位于史蒂芬山西北的一座山上发现了一种从未见过的动物化石——"布尔吉斯页岩[注2]动物群"。

此前不存在的 "怪异的"动物

据沃尔科特与继他之后的科学家发现，还有新物种陆续加入了布尔吉斯页岩动物群。这些动物的形态实在是奇特。

例如欧巴宾海蝎有 5 只眼睛，奇虾有一对巨型前肢以及海参一样

的身体，泳虾的身体前段像虾一样的节肢动物，后端则像文昌鱼，乌海蛭是薄薄的长方形身体……

美国古生物学家斯蒂芬·古尔德在其 1989 年出版的书中写道，布尔吉斯页岩动物群中有 15 ~ 20 个物种不属于此前已知的任何动物门[注3]。他还写道，即便是那些可以分类到已有动物门的物种，其解剖学构造也远远不同于现生生物。因此古尔德又将布尔吉斯页岩动物群称为"怪异动物群"。寒武纪[注4]大爆发中，不仅现在的动物门一下子全部出现，还产生了更多的动物群。

渐渐清晰的 "怪异动物"的样貌

最初被形容为"怪异"的动物在之后的研究中渐渐呈现出真实的模样。欧巴宾海蝎和奇虾可关联到节肢动物门，泳虾按照其后发现的大量化石，可归入软体动物门，即乌贼和章鱼的同类。人们也弄清楚了乌海蛭属于软体动物门，它在海底爬行前进。在 21 世纪的今天，反

鱼的祖先、虾的祖先、贝类的祖先……做寿司的食材，这个时代就已经齐全了！

🔵 神秘面纱被揭开的生物

20 世纪 90 年代，寒武纪的生物与它们"怪异动物"的别称逐渐被人们所接受。随着研究的推进，原本有误的寒武纪生物复原图陆续得到改正，人们也逐渐看到它们与现生动物的关联。左图是典型例子乌海蛭。

之前

原先是谜一般的生物，被归为在海底浮游的触手冠动物门。

之后

2006 年和章鱼一样被归入软体动物门，是一种在海底爬行的类似蛞蝓的动物。

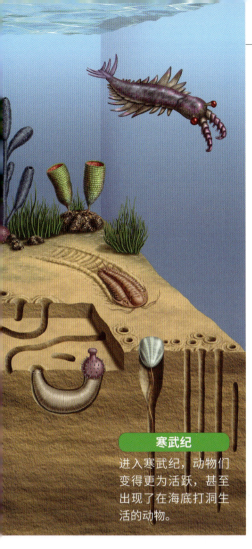

寒武纪

进入寒武纪，动物们变得更为活跃，甚至出现了在海底打洞生活的动物。

布尔吉斯页岩

被誉为"世界上最美的旷野"。这一带已被列入了《世界遗产名录》，进入这里要获得批准。

五眼怪物欧巴宾海蝎

欧巴宾海蝎有五只眼睛和长喷嘴，是代表布尔吉斯页岩动物群的古怪动物。左图是化石，上图是复原图。

科学笔记

【史蒂芬山】 第12页 注1
位于"加拿大自然公园群"的幽鹤国家公园内。加拿大皇家安大略博物馆在这里进行了有组织的调查，每年都能发现新物种。

【布尔吉斯页岩】 第12页 注2
页岩是由泥形成的沉积岩的一种，薄薄的，容易脱落破碎，就像书页一样，由此得名。与史蒂芬山一样，布尔吉斯页岩得名于幽鹤国家公园内的布尔吉斯山。

【门】 第12页 注3
最基本的构造相同的生物群体。所有现生动物尽管数量不同，但科学界将它们大致分为40个"门"。根据博物学家林奈（1707—1778）提出的分类体系，动物按照界、门、纲、目、科、属、种逐渐细分，例如，节肢动物和软体动物是"门"，欧巴宾海蝎是"属"。

【寒武纪】 第12页 注4
得名于英国威尔士地区北部的古地名，这里是最早被考察的寒武纪地层。

管还有一些所属不明确的动物，但是布尔吉斯页岩动物群的大多数动物都已经可以关联到现生动物门。说到底，"怪异"只是其形态，但有一点很明确，现生动物的祖先在寒武纪全都出现了。

这些化石让我们认识到当时的生物多样性，同时告诉我们另一件很重要的事——硬组织的产生。正是因为硬组织的存在，当时的化石才能完好地保存至今。

生物有外壳等硬组织不仅提升了它们的防御能力，如果有硬的构造，还能以此为支点用力活动肌肉。换言之，寒武纪大爆发之后，动物能够更加活跃地活动。

寒武纪大爆发的起因是生物史上的一大未解之谜。那些之前没有见过的动物在海底活动的光景想必一定很热闹。

杰出人物

古生物学家
查尔斯·沃尔科特
(1850—1927)

发现布尔吉斯页岩动物群的功臣

至今人们从布尔吉斯页岩已经发现了约170种化石。其中有100多种是由沃尔科特发现的。

美国前总统西奥多·罗斯福担任日俄战争的调停工作时，沃尔科特因为威信极高，担任了他的科学顾问。沃尔科特还是三叶虫专家，如果不是他来到史蒂芬山附近，寒武纪大爆发的全貌一定还处于混沌之中。

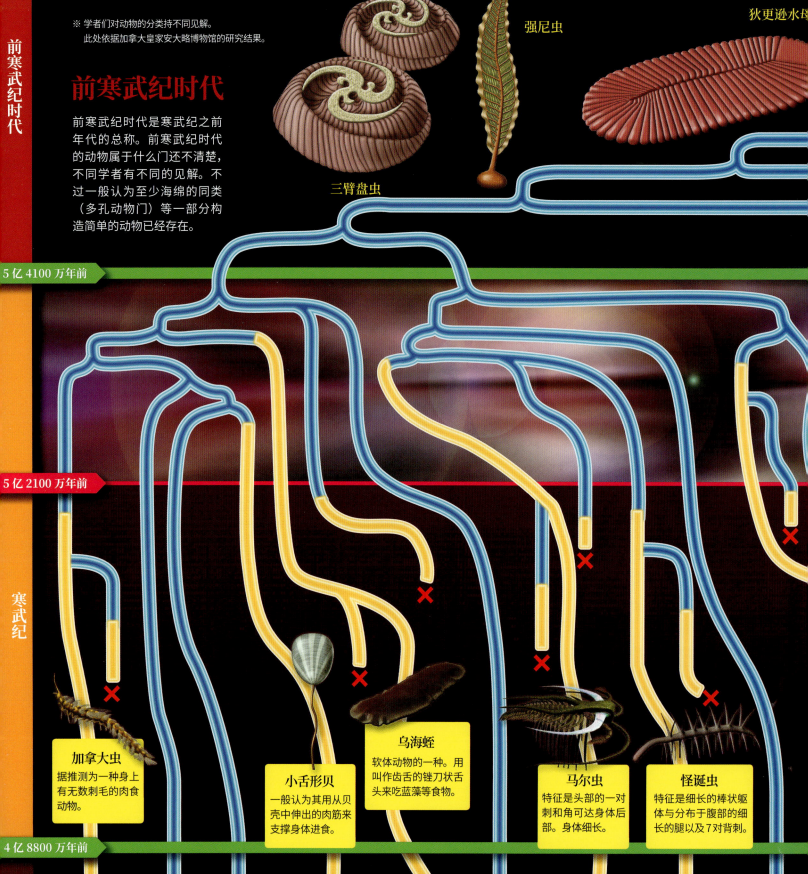

※ 学者们对动物的分类持不同见解。
此处依据加拿大皇家安大略博物馆的研究结果。

前寒武纪时代

前寒武纪时代是寒武纪之前
年代的总称。前寒武纪时代
的动物属于什么门还不清楚，
不同学者有不同的见解。不
过一般认为至少海绵的同类
（多孔动物门）等一部分构
造简单的动物已经存在。

强尼虫

狄更逊水母

三臂盘虫

5 亿 4100 万年前

5 亿 2100 万年前

寒
武
纪

乌海蛭
软体动物的一种。用
叫作齿舌的锉刀状舌
头来吃蓝藻等食物。

加拿大虫
据推测为一种身上
有无数刺毛的肉食
动物。

小舌形贝
一般认为其用从贝
壳中伸出的肉筋来
支撑身体进食。

马尔虫
特征是头部的一对
刺和角可达身体后
部。身体细长。

怪诞虫
特征是细长的棒状躯
体与分布于腹部的细
长的腿以及7对背刺。

4 亿 8800 万年前

环节动物门
蚯蚓、沙蚕等。
特征是口到肛门
的直线消化系统。

纽形动物门
纽虫等。生活
在海里的柔软
动物，形状像
把蛞蝓拉长。

帚虫动物门
状如蚯蚓的海
洋底栖无脊椎
动物。现生物种
只有十多种。

腕足动物门
舌形贝等。与双
壳贝类似，但身
体构造不同。

软体动物门
乌贼、章鱼、
双壳贝类、海
牛、蛞蝓等。
没有骨骼。

扁形动物门
没有循环器官和
鳃的动物，涡虫、
扁虫等。

节肢动物门
过去和现在都是
种类最多的群
体。昆虫、甲壳
类、蝎子等。

有爪动物门
热钩虫等。特征是
细长柔软的身体。

缓步动物
水熊虫等。特
4 对共 8 只足
动缓慢。

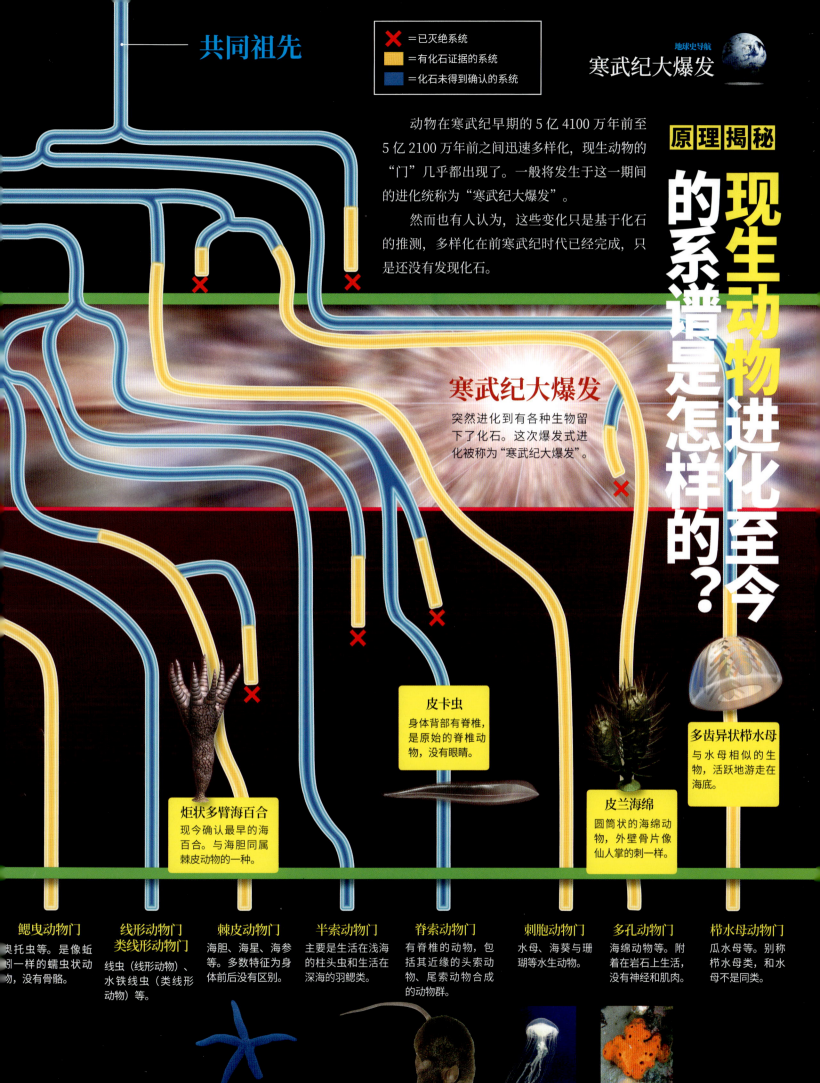

共同祖先

X ＝已灭绝系统
▮ ＝有化石证据的系统
▮ ＝化石未得到确认的系统

原理揭秘

现生动物进化至今的系谱是怎样的？

动物在寒武纪早期的 5 亿 4100 万年前至 5 亿 2100 万年前之间迅速多样化，现生动物的"门"几乎都出现了。一般将发生于这一期间的进化统称为"寒武纪大爆发"。

然而也有人认为，这些变化只是基于化石的推测，多样化在前寒武纪时代已经完成，只是还没有发现化石。

寒武纪大爆发

突然进化到有各种生物留下了化石。这次爆发式进化被称为"寒武纪大爆发"。

皮卡虫
身体背部有脊椎，是原始的脊椎动物，没有眼睛。

多齿异状栉水母
与水母相似的生物，活跃地游走在海底。

炬状多臂海百合
现今确认最早的海百合。与海胆同属棘皮动物的一种。

皮兰海绵
圆筒状的海绵动物，外壁骨片像仙人掌的刺一样。

鳃曳动物门
奥托虫等。是像蚯蚓一样的蠕虫状动物，没有骨骼。

线形动物门类线形动物门
线虫（线形动物）、水铁线虫（类线形动物）等。

棘皮动物门
海胆、海星、海参等。多数特征为身体前后没有区别。

半索动物门
主要是生活在浅海的柱头虫和生活在深海的羽鳃类。

脊索动物门
有脊椎的动物，包括其近缘的头索动物、尾索动物合成的动物群。

刺胞动物门
水母、海葵与珊瑚等水生动物。

多孔动物门
海绵动物等。附着在岩石上生活，没有神经和肌肉。

栉水母动物门
瓜水母等。别称栉水母类，和水母不是同类。

15

眼睛的诞生

是眼睛？

生物大进化的契机

寒武纪大爆发可谓生物进化的大革命，它为什么会发生？这个时期，很多生物都有了某种『器官』。解开进化之谜的关键是否在此呢？

原来此前的生物没有眼睛啊！

解开爆发式进化之谜的关键是"眼睛"

寒武纪大爆发诞生了各种"怪异"动物。看这个时期出现的生物，会发现它们很明显存在外表的变化。这种外形差异在埃迪卡拉纪的生物化石中完全没有得到确认。其中一大不同就是"眼睛"。这个对生物而言很重要的器官进入寒武纪之后忽然出现了。

英国自然历史博物馆的安德鲁·派克认为，所谓寒武纪大爆发，就是以眼睛的出现和硬组织化为代表的形态多样化。派克还以为，在寒武纪之前，动物内的基因等已经在发生变化，到了寒武纪，这些基因通过某种契机逐渐体现到外在。

究竟是什么促成了这种多样化呢？派克提倡"光开关说"，认为原因正是眼睛的诞生。因为寒武纪大爆发是以一部分动物有了眼睛为契机的。我们根据这个学说，一起来看看寒武纪大爆发是怎样发生的吧！

0.3 mm

化石放大
岩石中残留下的复眼的放大照片。可以清晰地分辨出单眼（晶状体）的凹凸。

奇虾复眼的化石

在澳大利亚发现的复眼化石。从大小和形状来看，可以确定是奇虾的复眼。一个个小小的凹陷是单眼（晶状体）的痕迹。成为化石的是半只眼睛，其中一共排列着 16000 多个晶状体。

有"结构色"的生物

色素无法保留在化石里，但是结构却保留了下来。进入寒武纪之后，人们才通过结构而非色素确认了有颜色的生物。"有颜色"也就意味着有能够识别颜色的对象。

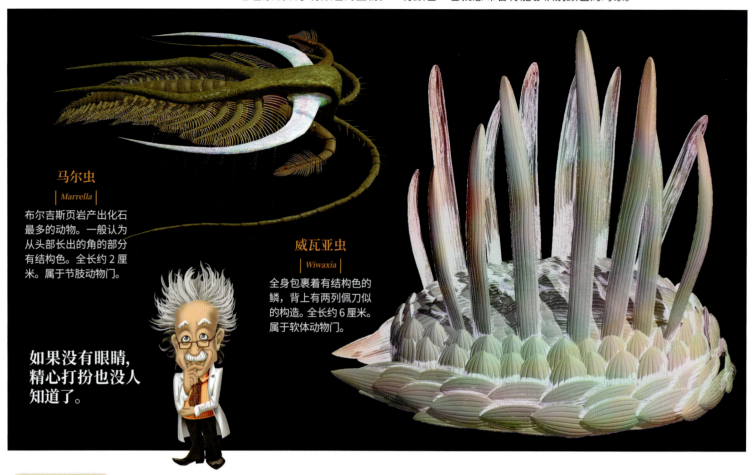

马尔虫
| Marrella |
布尔吉斯页岩产出化石最多的动物。一般认为从头部长出的角的部分有结构色。全长约 2 厘米。属于节肢动物门。

如果没有眼睛，精心打扮也没人知道了。

威瓦亚虫
| Wiwaxia |
全身包裹着有结构色的鳞，背上有两列佩刀似的构造。全长约 6 厘米。属于软体动物门。

现在我们知道！

高性能的眼睛带来生物的飞跃式进化

寒武纪的动物突然有了眼睛。这些感光器官尽管统称为"眼睛"，性能却天差地别。有的眼睛只能通过感知光来判断明暗。不过派克的"光开关说"所指的眼睛不是这种"光感受装置"，而是和人眼一样能够成像、能够感受物体姿态的眼睛。

寒武纪的动物已经有了能够成像的眼睛——这是让达尔文困惑的谜题之一。为什么寒武纪突然产生了像眼睛这样结构复杂的器官？

20 世纪 90 年代进行的计算机模拟的结果表明，眼睛是在短时间内形成的。从可以感知光的细胞到形成可以成像的眼睛，花了 40 万年的时间。从地球和生命的历史来看，这只不过是转瞬之间的事情。

身处色彩斑斓世界中的寒武纪生物

因为有了眼睛，寒武纪的动物出现了很多变化。其中之一就是有了颜色[注1]。

留在寒武纪动物化石中的颜色被称为"结构色"。结构色区别于红黄蓝等色素色，是生物的亚显

🔍 近距直击

结构色的原理是怎样的？

打个比方，光盘盘面上的颜色就是结构色。光盘的盘面上有记录信息的细小凹凸沟槽，因此照射到盘面上的光会发生反射、散射现象，看上去就像彩虹的颜色。

光盘并不是被故意加工成彩虹色的，这种颜色是光盘盘面结构造成的

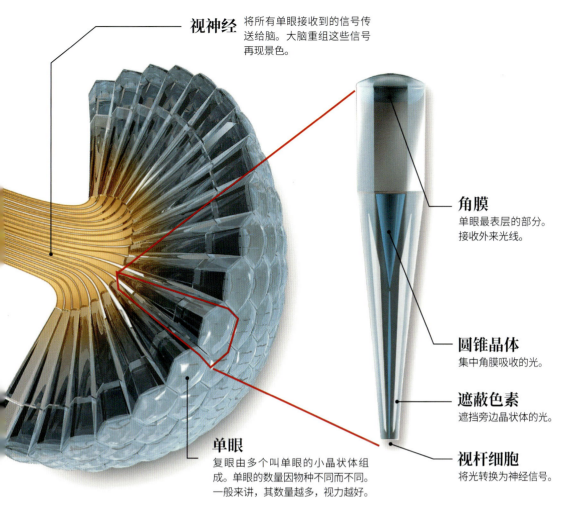

视神经 将所有单眼接收到的信号传送给脑。大脑重组这些信号再现景色。

角膜 单眼最表层的部分。接收外来光线。

圆锥晶体 集中角膜吸收的光。

遮蔽色素 遮挡旁边晶状体的光。

视杆细胞 将光转换为神经信号。

单眼 复眼由多个叫单眼的小晶状体组成。单眼的数量因物种不同而不同。一般来讲，其数量越多，视力越好。

复眼

寒武厚桨虾

| *Cambropachycope*

与虾、蟹同为甲壳类，全长 1.5 毫米，却有一只大复眼。证明寒武纪存在多种眼睛的类型。

🔲 **复眼的结构**
复眼是由很多单眼（晶状体）组成的眼睛。昆虫的眼睛是典型的复眼。它与人的眼睛不同，即使不动也能保持广阔的视野。

观点🔄碰撞

海洋成分的变化与生物进化也有关系？

关于寒武纪大爆发，"光开关说"并不是其唯一原因。有人认为，进入寒武纪后，海洋的成分发生了很大变化，为动物构成硬组织提供了原材料。这种海洋成分发生变化的现象被认为过去9亿年间只发生过一次。不过这个假说与"光开关说"并不矛盾，因此也有人指出，因为这唯一一次的时机与眼睛诞生的时期重合，所以才有了寒武纪大爆发。

大地逐渐被侵蚀的景象，大规模侵蚀发生后，海水成分发生了变化

微结构使光发生反射、散射、干涉（几种光互相重叠作用）而形成的颜色。闪蝶[注2]的颜色就是结构色。闪蝶的翅膀以蓝色为主，闪耀着彩虹般的色彩，并非因为翅膀上有多种色素，而是翅膀上的细微结构造成的。

派克发现，生活在寒武纪的部分动物能辨认这种结构色。颜色存在，也就意味着有识别颜色的对象。

此前科学界认定的"最古老的眼睛"是大约 5 亿 2100 万年前的。然而，寒武纪始于 5 亿 4100 万年前，眼睛的诞生又早了 2000 万年。

最古老的眼睛与硬组织的关系是？

实际上在 5 亿 4100 万年前－5 亿 2100 万年前形成的地层中，人们找到了不足 1 毫米大小的硬组织化石。这种化石有月牙形和六边形等多种形状，但无法确认是什么动物的哪个部位的组织。

眼睛形成之前硬组织已经存在。然而也有人认为"那只不过是硬的部分"，没有什么特殊的意义。

动物具备眼睛的同时，它们的硬组织也产生了变化。覆盖身体的外骨骼变得发达，开始有了"刺"这样的武装。

眼睛的诞生使得"军备竞赛"加速

眼睛诞生后，动物开始迅速进化。

猎物（被吃的一方）有了眼睛，意味着它们可以迅速察觉天敌靠近，然后尽快逃走。与此同时，由于硬组织的壳和刺发达，防御力也提升了。

另一方面，捕食者（吃的一方）

"武装的三叶虫"

眼睛诞生后出现的动物。它拥有攻击对手和防身的硬组织。照片上是属于三叶虫纲的"大盾壳虫",产于摩洛哥的寒武纪地层。可以清晰辨认它具有埃迪卡拉纪之前的三叶虫所不具备的硬组织外骨骼、锐利的刺、眼睛等。

科学笔记

【颜色】第18页注1
红黄蓝等色素不会留在化石里(也有例外),所以图谱所载古生物的颜色基本上都是想象。但也不是凭空想象,多数会参考现生的近缘物种。

【闪蝶】第19页注2
生活在北美南部、中南美的大型蝴蝶。它闪耀着蓝色光泽的翅膀100多年前就受到科学家的关注。

为了追捕逃跑的猎物,鳍和脚得到进化。为了吃猎物,牙齿也因为要嚼碎硬壳而进化了。与此针锋相对,猎物又开始进化……

一般认为,最早具备眼睛的是捕食者一方。随后猎物为了对抗捕食者,捕食者为了对付被捕食者,双方交替进化。以眼睛的产生为契机,动物之间展开了类似人类一直以来所进行的那种军备竞赛。

这种现象称为"进化军备竞赛"。最终,动物界开启了可谓"爆发式"的多样化历程。

地球 进行 时!

地表最强!说一说蜻蜓的复眼

一般来说,组成复眼的晶状体越多,复眼的性能越好。这与数码相机的像素一样,像素数越大,分辨率越高,有利于准确捕捉物体。现在地球上,飞翔类昆虫的晶状体有增加的倾向,有几千个晶状体。蜻蜓的晶状体数量特别多,有2万多个,视力极好,使得蜻蜓在飞翔的同时还能正确判断猎物的位置。

当今动物界,蜻蜓复眼数量之多呈压倒性优势,是人类心目中优秀的猎手

"眼睛的诞生"中的遗留问题

颠覆常识的假说 "光开关说"

关于引起寒武纪生物大进化（也叫"寒武纪大爆发"）的原因，一直以来科学家们提出了很多假说。这些假说无一例外主张是生物所处环境的变化（外在原因）引起了大进化。相反，英国的动物学家安德鲁·派克认为，动物眼睛的产生（内在原因）才是生物大进化的起因（"光开关说"）。这一观点越来越受到科学界的肯定，因为有以下三个难以撼动的证据：（1）寒武纪之前已经有了大部分的动物门，但动物的外形全都像蠕虫，到了寒武纪，动物的外形开始出现多样化；（2）据计算机模拟显示，从感光细胞的集合进化到以人眼为代表的高度发达的相机眼，按一代一年来估计的话，实际上用不了40万年；（3）以埃迪卡拉动物群为代表的前寒武纪时代的动物化石中没有发现眼睛，但是寒武纪的动物化石群却突然出现了眼睛。

■把握"眼睛诞生说"关键的生物？

澳大利亚前寒武纪时代的地层发现的埃迪卡拉动物群的代表——帕文克尼亚虫化石。它被认为是类似三叶虫的生物，但无法确认这种生物是否属于动物。

■寒武纪早期大附肢型节肢动物中枢神经系统的发现

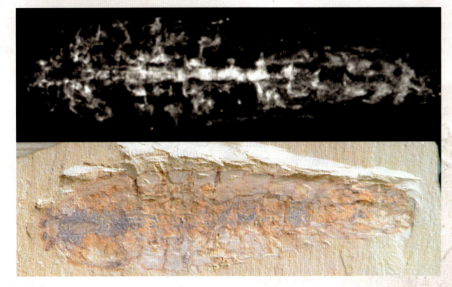

中国云南的澄江出土的大附肢型节肢动物始虫。从其化石背部看的光学照片（下图）、同一标本的始虫的显微CT照片（上图）。将从CT照片还原的始虫的神经系统与现生的鲎的幼虫的神经系统相比对，两者几乎吻合。

其中关于（1），寒武纪早期的大附肢型节肢动物和现生的螯肢亚门有着同样复杂的神经系统，这一点在最近的研究中得到进一步的补充。

寒武纪生物大进化 发生了两次

最新的信息是，寒武纪发生过两次生物大进化。第一次发生于寒武纪之初（5亿4100万年前），出现了有硬壳且体长不足1毫米的动物群。第二次发生于5亿2100万年前，出现了"澄江动物群"。

派克在最近发表的论文中写道，"光开关说"是解释第二次大进化的学说，埃迪卡拉动物群的帕文克尼亚虫这样类似三叶虫的生物有着最古老的眼睛。但是事实上，并没有找到帕文克尼亚虫的眼睛，甚至无法确认这种生物是否属于动物。

于是我做了如下猜想：寒武纪之初的微小节肢动物最先产生了眼睛。这些微小的节肢动物捕食小动物，被捕食者的壳被保存在化石里。之后体形的巨大化令眼睛的性能提升。为了验证这一猜想，我目前正在找寻最古老的眼睛化石。

田中源吾，历任京都大学研究生院理学研究科讲师、群马县立自然史博物馆主任策展人，现任职于日本海洋科学技术中心，从地层学、古生物学的角度研究显生宙地层，以及从进化学的角度研究节肢动物的眼睛。

最早的捕食者 奇虾

可谓地球生命史上"最早的统治者"！

寒武纪最大、最强？ 奇虾的秘密

在寒武纪发现了多种动物的化石。其中奇虾的存在感尤其强。用现生动物打比方的话，就是『百兽之王』。

发达的眼睛和巨大的身体 使它成为强有力的捕食者

寒武纪，各种各样的生物在生命大爆发中登场。几乎所有物种全身长度都在10厘米左右。但在那个世界上，还存在着一种体形和大型犬差不多大、全长达1米的大型物种——加拿大奇虾。

奇虾像海参一样，身体两侧有很多鳍，头部有一对很大的眼睛。每只眼睛由3万多个很小的单眼（晶状体）密集组合而成，不放过猎物的一举一动。这种生物的最大特征是头部长着一对触角，上有锋利的刺。头部下方圆形的口中也满是利刺。

当时，大海中游荡着的这种"怪物"，应该让很多动物陷入了极度恐惧之中。

寒武纪大爆发催生了各种"怪兽"，而奇虾是位于当时生态系统顶端的最大、最强的动物。

加拿大奇虾

被认为是寒武纪最大、最强的动物。这是奇虾的想象图。它在广义上可以列入节肢动物门，最大特征是其头部长出的一对长长的触角。

最早的捕食者奇虾

存在过称霸生态系统顶端的巨大生物

1892 年，从布尔吉斯页岩发现的小化石被带到了加拿大地质调查局的约瑟夫·怀特夫斯那里。研究化石的怀特夫斯认为这是虾的身体，将其命名"奇虾"，意为"奇妙的虾"，过了很久才知道那个化石是触角。

这个动物是什么？反复试验的还原故事

继触角之后发现的奇虾化石是口的部分，但它被当作了水母化石，接着发现的身体部分被当作了海参化石……最终在 1985 年人们确认，"水母化石"和"海参化石"其实是同一种动物的口和身体。到了 20 世纪 90 年代，科学家终于发现了触角、口、身体齐全的标本，奇虾的形象也就清楚了。

在其他生物化石上留下伤痕的凶犯是谁？

寒武纪地层还发现了一种带有 W 形伤痕的三叶虫[注1]化石。造成伤痕的"嫌犯"便是奇虾。

三叶虫壳的成分是碳酸钙[注2]，较硬。若能咬碎那样的壳，那奇虾无疑是最强的了。在一次实验中，有人制作了精巧的奇虾模型，拿模型的口器去咬三叶虫的模型，完美再现了三叶虫化石上的伤痕。

"奇虾最强说"是否不可撼动？其实也不是，近些年有了一些

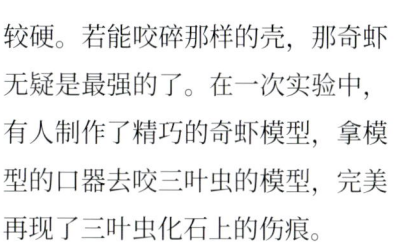

有着像是咬痕的三叶虫化石

三叶虫化石的左边或右边一下缺了一大块。有人认为缺的这一块是奇虾的捕食痕迹。这种猜测近年受到了质疑。

科技发现

用于验证捕食痕迹的奇虾模型

三叶虫的化石上偶尔可见像是咬痕的伤痕。为了弄清事实真相，20 世纪 90 年代，日本 NHK 制作了奇虾的模型，通过照片右侧的手柄可以活动触角和口器，用它去咬三叶虫模型，再现了见于三叶虫化石上的 W 形痕迹。模型口器的硬度与锋利度接近实物。

全长约 60 厘米，现收藏于日本科学未来馆，不公开展示

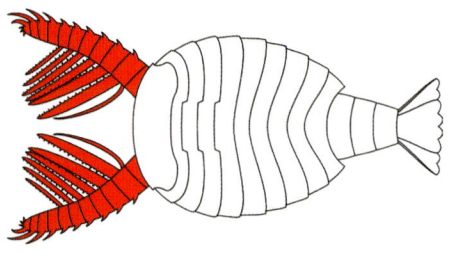

🔲 探索真身——反复尝试的化石还原

最早发现的奇虾化石是触角部分。这个化石是属于什么生物的？这个问题曾让许多古生物学家头疼不已，他们尝试将它与很多其他化石进行组合搭配。

案例1

被当作节肢动物西德尼虫的触角来还原，已经想到了是"触角"，有点可惜。

案例2

被当作软体动物吐卓虫的身体来还原。这次还原得到了一定的支持，但其实错得很离谱。

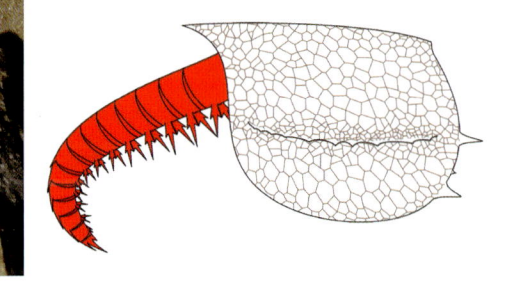

奇虾化石

图片的左边相当于头部。很多奇虾化石只有触角部分，像这种全身的化石非常罕见，有助于人们认识奇虾的全貌。

科学笔记

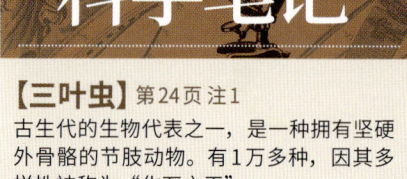

【三叶虫】 第24页注1
古生代的生物代表之一，是一种拥有坚硬外骨骼的节肢动物。有1万多种，因其多样性被称为"化石之王"。

【碳酸钙】 第24页注2
高温时可分解为氧化钙和二氧化碳。一些生物以此形成比较硬的外骨骼。

【柔软猎物】 第25页注3
相当于像蚯蚓一样细长、没有脚的"蠕虫"，如寒武纪动物奥托虫等。

奇虾的生活状态仍旧是个谜。

质疑的声音。美国科学家利用计算机计算奇虾的咬力，结果是无法咬碎三叶虫的壳。科学家考察奇虾化石口器的部分，显示完全没有残留日常吃硬物应该有的痕迹，又确认了化石上胃的大概位置，也没有食用硬组织的痕迹。根据这些研究，奇虾变成了一个只吃柔软猎物[注3]的"软弱者"。

奇虾是强者还是弱者？谜题尚未揭开。但不论它是强是弱，奇虾的存在仍然在激起科学家们的求知欲。

 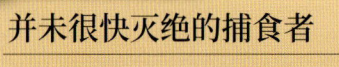

近距直击

并未很快灭绝的捕食者

奇虾曾被认为是寒武纪特有的动物。然而在 2009 年，科学家从德国约 4 亿年前的泥盆纪地层中发现了相似的化石。这种叫"申德汉斯虾"的动物有一对触角。通过这一发现，人们了解到奇虾的同类在历史上存在过很长时间。

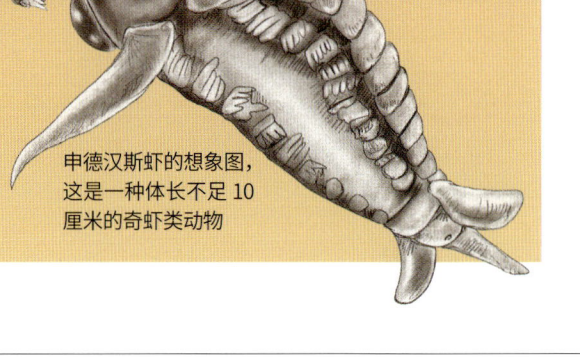

申德汉斯虾的想象图，这是一种体长不足 10 厘米的奇虾类动物

随手词典

【寒武纪最大的动物】
在中国澄江发现了口的直径达25厘米的奇虾化石。由此推测，长着这张口的奇虾全长可能有2米。

【附属肢】
也就是腿。包括奇虾类所谓的"触角"。

触角
有分节结构的触角。专业上叫作"附属肢"的结构之一，因为特别大被称为"大附肢"。布满细刺，用来刺杀猎物。

眼
接近球形的带柄复眼。柄可以左右摇动，以拓宽视野，方便找到猎物，也可前后移动，便于测出和猎物的距离，实现立体视觉。

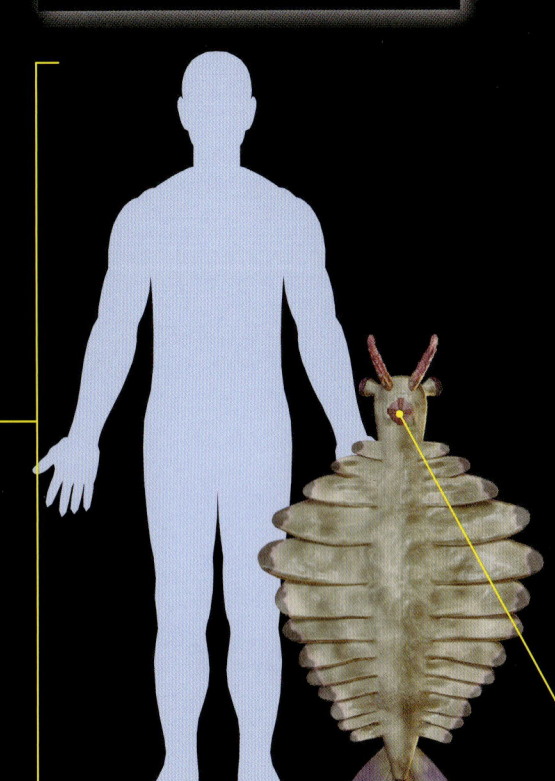

巨大的身体
奇虾和成年男性平均身高的比较。寒武纪的动物大多数体长不超过10厘米，体形巨大的奇虾一定是可怕的存在。

口
32个牙板围成一圈形成口。中间的孔就是口，朝向中间的每个牙板都有尖利的刺。看上去没有咬碎硬物的力气。

【寒武拉干虫】
身体有11个分节结构，背部的腮非常发达，触角内侧有锯状刺。

学名：*Laggania cambria*
全长：50厘米 / 产出地：加拿大

【帚状奇虾】
在中国发现了多种奇虾类动物，这个品种的数量最多。尾尖有须状构造。

学名：*Anomalocaris saron*
全长：50厘米 / 产出地：中国

【赫德虾】
巨大的头部约占体长的一半，头部有甲壳覆盖。2009年整体得到还原。

学名：*Hurdia victoria*
全长：50厘米 / 产出地：加拿大

身体

发现之初，奇虾的身体被认为是海参。经多方调查，都没有在它的体内找到硬组织，所以推测它吃的东西比较柔软。

原理揭秘

奇虾是什么样的动物？

尾部

身体末端有 3 对尾巴，用于控制在水中的姿势。

鳍

一般认为至少有 11 对鳍，鳍上有鳃。也有研究认为，奇虾通过鳍的连动来活动，能够像现在的鳐一样游动。

【加拿大奇虾】

此前发现的 8 种奇虾类当中最有名的一个属。单称"奇虾"的时候，多指加拿大奇虾。它是最先被整体还原的奇虾类。全长约 1 米，属于大型奇虾类，无法确认四肢。分类上将其视为原始的节肢动物，定位为三叶虫和昆虫的前一阶段。

学名：*Anomalocaris canadensis*
全长：1 米 / 产出地：加拿大

奇虾是寒武纪最大的动物。至于它是否"最强"，至今还存在争议。

严格说来，除了奇虾之外，还有不少动物也被归入奇虾类。

【似皮托虾】

这种奇虾具有用于步行的腿肢，这是其他奇虾类没有或者说尚未发现的。其触角的形状也很独特。

学名：*Parapeytoia yunnanensis*
全长：30 厘米 / 产出地：中国

【抱怪虫】

奇虾类，具有略宽的身体。特征是触角前端有弯曲粗壮且尖锐的构造，形如钩爪。

学名：*Amplectobelua symbrachiata*
全长：1 米 / 产出地：中国

奇虾的同类

地球博物志

化石动物群的产出地

寒武纪生物的化石在世界各地都有发现，其代表性的产出地如下图。

【布尔吉斯页岩动物群】
20世纪初开始进行研究。发现的化石基本上都是扁平的。

【奥斯坦动物群】
20世纪70年代开始进行研究。发现的都是需要用显微镜观察的微化石，多为甲壳类。

【澄江生物群】
20世纪80年代开始进行正式研究。留存有比布尔吉斯页岩更立体的化石。

寒武纪的生物

| Cambrian Creature |

奇形怪状的动物

寒武纪的动物有着各种奇怪的形态。不过，即便形态怪异，它们实际上大多数和现生动物属于同一个群体。一起来看看几个寒武纪的物种吧！

【林乔利虫】

| Leanchoilia |

复原图，乍看像是海蟑螂。头部以外的身体有体节，体节下各有一对脚

数据	
产出地	加拿大
记载年	1912年
身长	2～3厘米
分类	节肢动物门

体形粗短，像装甲车。从头部长出的长长的触角（附属肢）前有3根鞭状构造。因为这种附肢，它和奇虾类一起被归为"大附肢型"，但比奇虾更加先进。一般认为它有6只眼睛，背部4只，腹部2只。中国澄江也发现了林乔利虫的同类化石，由此可见它在寒武纪的海洋中是何等繁盛。

【奥托虫】

| Ottoia |

布尔吉斯页岩动物群中有蠕虫化石，其中数量最多的就是奥托虫，它的吻部周围长着密密的细刺。其化石不论大小，多呈U形，一般认为这就是它们存活时的形态。可能是它们在海底挖好U形的洞穴，藏身其中守株待兔吧。

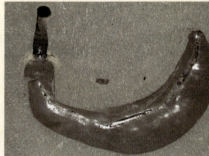

数据	
产出地	加拿大
记载年	1911年
身长	15厘米
分类	鳃曳动物门

复原图，它伸出吻去捕食猎物

【怪诞虫】

| Hallucigenia |

管状躯体的背部长有7对长刺。有推测说它是搜寻尸体的食腐动物。20世纪70年代其形态被还原时，只能辨认出其中一排的7条腿肢，因此没有被认为是腿，反而是两列刺被认为是腿。现在的复原图大多依据的是20世纪90年代在中国的研究成果。

复原图，怪诞虫在拉丁语中是"幻觉"的意思，发现者根据其不可思议的形态而命名

数据	
产出地	加拿大
记载年	1977年
身长	3厘米
分类	有爪动物门

加拿大太平洋铁路

铺设铁路带来的发现

追溯布尔吉斯页岩动物群的发现史，会了解到这样一段历史：19世纪，加拿大进行铁路建设，将东方四省与太平洋沿岸城市连接起来。随着铁路建设的进行，不列颠哥伦比亚省的地质调查也展开了，结果人们发现该地区有三叶虫等寒武纪的化石。建设交通网络之前，几乎都需要先进行地质调查，调查中发现各种各样的化石也就不足为奇了。

1925年拍摄的太平洋铁路，现在依然是连接加拿大东西的大动脉

【西大虫】

Xidazoon

身体构造分为前后两大块的动物。前方（头部）为圆筒形，最前面是圆形的嘴。然而后面（尾部）却是扁平的类似团扇的构造。寒武纪的动物很多都和现生动物相关联，而西大虫却被分类到寒武纪独有的动物门"古虫动物门"。

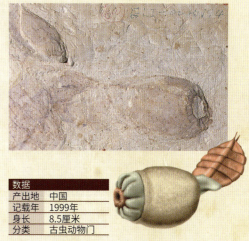

数据	
产出地	中国
记载年	1999年
身长	8.5厘米
分类	古虫动物门

复原图，像蝌蚪一样分为头部和尾部的奇妙形态

【小昆明虫】

Kunmingella

在澄江发现较多的动物。有两块壳，壳中线两侧有两对鼓包，壳外围有一圈窄窄的隆起。推测生活在靠近海底表面的地方。在澄江发现了很多含有小昆明虫碎片的粪便化石。从这一点可推测小昆明虫是为食动物的代表性食物。

数据	
产出地	中国
记载年	1956年
身长	5毫米
分类	节肢动物门

复原图，一般认为是海萤和介虫的原始同类，漂游在海里

【哥特虾】

Goticaris

在奥斯坦动物群中属于大型种类。头部前端只有一个复眼。复眼根部左右有沙槌一般突出的构造，有人认为这个构造也是眼睛，只不过这个眼睛只是感受明暗的器官。学名中的"caris"是拉丁语"虾"，因此这一动物也被列入包括虾在内的甲壳类。

如果把它位于头部前端根部的两个构造当作眼睛的话，它就是"三眼"生物

复眼　感受明暗的构造

100 μm

数据	
产出地	瑞典
记载年	1990年
身长	2.7毫米
分类	节肢动物门

近距直击

怎样发现微小化石？

实际上，通过显微镜才能发现的化石是无法在野外找到的。科学家在某种程度上确定目标后把岩块带回去。岩石大多坚硬，先用锤子进行物理粉碎，然后用盐酸溶解多余的物质，将颗粒进一步细化，之后用显微镜搜寻目标化石。这是十分考验耐心的工作。

奥斯坦动物群化石中含有的颗粒，方格边长为5毫米，极为细小

【马丁索尼亚虫】

Martinsonia

乍看很像虾，实际上和虾一样同属于甲壳类。与现生虾类的不同之处在于它没有一对螯足。螯足可以说是甲壳类的特征，这一特征的出现是在之后的时代。此外，它只有一只小眼睛。在化石的底部，确认存在肛门的结构。

头部除了眼睛之外没有其他光学器官，身体像虾一样分成许多节

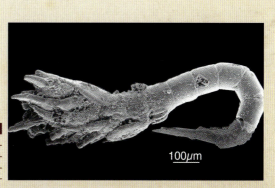

100μm

数据	
产出地	瑞典
记载年	1986年
身长	1.7毫米
分类	节肢动物门

冰川创造的闪耀群山

加拿大落基山公园群

位于加拿大阿尔伯塔省、不列颠哥伦比亚省，1984 年、1990 年被列入《世界遗产名录》。

落基山脉纵贯北美大陆西部。在加拿大境内的部分，群峰绵延 2200 千米。当地土著称加拿大落基山脉的景观是"闪耀的群山"。大约 100 万年前，覆盖这一带的冰川刨蚀山脉，创造了这一景观。雄伟的群峰、大片的冰川、祖母绿的冰川湖，让这里成为当之无愧的"冰川地形标本室"。

鲨鱼湾丰富的自然资源

落基山脉在 6000 万年前的造山运动中出现在地表，在 100 万年前的冰川时期被冰川覆盖。冰川剧烈侵蚀群山，形成许多冰川地形，融化的冰形成河流、瀑布和湖。

班夫国家公园内的
梦莲湖和十峰谷

10 座海拔 3000 米左右的险峻高峰，冰川，闪闪发蓝的梦莲湖，这些深绿色织就的风景是落基山公园群的代表景观之一。世界遗产包括班夫、贾斯珀、幽鹤、库特尼 4 个国家公园和 3 个州立公园。

Photo／UNIPHOTO PRESS

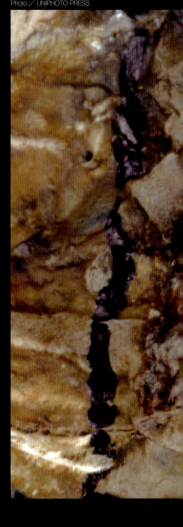

前寒武纪时代的金属螺栓

埋藏在15亿年前岩石中的神秘物体

螺栓埋藏在 15 亿年前形成的岩石中。

螺栓是人工制成的机械零件，为什么会出现在前寒武纪时代的岩石中呢？

也有学者极力主张它是『宇宙飞船上掉落的零件』。

何人，何时，出于何种目的？

布良斯克位于莫斯科西南约 380 千米，靠近白俄罗斯和乌克兰，自古以来便是交通要塞，遭受各民族的入侵。18 世纪，布良斯克成为俄罗斯帝国的城市，冶金工业和造纸业繁荣发展，如今是俄罗斯钢铁业和金属工业的中心。

1997 年，一份来自布良斯克的报道惊动了世界。布良斯克郊外的森林发现了边长 20 厘米的四方岩石，岩石中埋着螺栓状的物体。X 光检测发现，除了岩石表面可见的螺栓之外，总共还藏有 10 来个螺栓。如果这只是普通的岩石、普通的螺栓，没人会惊讶。没想到，测定结果显示，这块岩石约是 15 亿年前形成的。其中的螺栓也是同一时代的东西吗？

说到 15 亿年前，那是前寒武纪时代。前寒武纪时代是生命进化的时代，而人类的诞生却是 14 亿 9000 万年之后的事情。这么说，布良斯克发现的螺栓，莫非是人类以外的生命体遗留下来的？从事科考的莫斯科航天大学的瓦季姆·切尔诺布罗温博士这样认为：

"来到古代地球上的宇宙飞船由于某种原因发生爆炸，螺栓是从飞船上散落零件的一部分。"

螺栓上半部分确实有物体脱落的痕迹，能看出是机械的一部分。然而，由于附近除了螺栓，没有别的埋藏物，此外也没有进行详细的分析。对于切尔诺布罗温博士的猜想，反对的声音不少：

"可能只是现代的螺栓掉在地上，然后因为沙土等钻进了古代的地层。"

很多专家这样认为，但是至今没有进行正式的分析。据发现时的调查，即使给埋藏螺栓的岩石施加数吨的压力，它也不会变形，其理由也就不得而知了。

从前寒武纪时代的岩石中发现螺栓状物体的俄罗斯布良斯克地区

在人类诞生很久之前的岩石中埋着 10 来个的螺旋状物体，这些物体意味着什么？至今仍是个谜

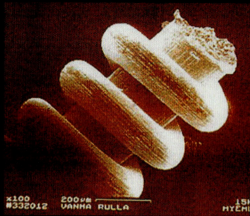

```
x100      200 μm  VANHA RULLA                    15
#332012                                          МУЕМІ
```

在俄罗斯靠近北极圈的乌拉尔地区发现了由钨和钼构成的极小的合金弹簧

罗马尼亚、美国、中国不断发现神秘金属

世界上还存在其他在人类诞生前的地层中发现的金属。

同样在俄罗斯，从约 10 万年前的地层中发现了合金弹簧，这只可能是人为的。发现地点在乌拉尔地区靠近北极圈的纳拉达河流域。1991 年，玛图爱娃博士等人走访此地进行地质调查，他们在地下 6～12 米的地层中发现了数个极小的光泽很好的金属物体，全是规则的螺旋状，大的直径 3 毫米，小的直径比头发还细，只有 0.03 毫米，看上去像是高精度的机械零件。调查结果显示，较小的"弹簧"是高纯度的钨钼或铱钨合金制品，至少也是 20000 多年前制成的。钨和钼的熔点超过 2500 摄氏度。20000 多年前，怎么进行的金属加

工呢？

分析结果公开后，有人说是"飞越北极圈上空的现代火箭残骸"，也有人说是"古代掉落的陨石碎片"，众说纷纭。发现者玛图爱娃博士认为是某种机械的一部分，从"其碳含量比现代工业制品高""钨的提炼法不同"两点可以推测它们"不是现代的东西"。除了俄罗斯，从罗马尼亚、美国、中国等地也发现了神秘金属。1974 年，在罗马尼亚的沙砾采挖场发现了乳齿象（生活于约 3000 万年前—1 万年前，类似象的哺乳类动物）的骨头，与之一同出土的金属块被认为是斧头。据说金属块的材质是铝合金，表面有 1 毫米厚的铝阳极氧化膜覆盖。以现代的电镀技术，氧化膜要达到这种厚度也是有难度的。

1934 年从美国得克萨斯州 4 亿年前—1 亿 4000 万年前的地层中发现了

铁质的锤子，历史更为久远。锤头成分中铁占 96.6%，几乎可以称之为"纯铁"，然而自然界并不存在纯铁，从这点来说，可以认定这把锤子是人工制作的。

美国古生物学家们在中国青海省的山里寻找恐龙化石，他们在史前的洞窟中发现了金属制管子。洞穴中纵横交错着直径 10～40 厘米的管子。

2002 年，中国科学院调查队接到报告，分析了管子，发表结果显示管子是合金，其中不可解析物质占 27%。这一带从不存在制造这类设备的文明，所以只做了一个"未知生命体的遗留物"的结论，调查就此中断。

前寒武纪时代的螺栓、超乎常识的金属……越分析越神秘。多数人用"偶然进入古代地层的现代金属制品"来解释。真的是这样吗？也许有一天，科学的力量会解释这些让人惊诧的事实。

Q 怎样寻找化石？

A 在自家院子随便挖一个地方，会不会挖出化石呢？一般是不会的。科学家首先要确定所要寻找的化石的年代，比如奇虾是寒武纪，恐龙则是中生代。接着去看地质图，找到有那个时代地层的地方。然后去现场，仔细调查地层寻找化石。即便有雷达等便利的工具，每次还是要亲自去找。

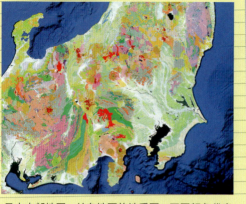

日本中部地区、关东地区的地质图，不同颜色代表不同地质，可以看出各种年代的地层互相交错

Q 化石的名称怎么定？

A 最早报告的人有命名权。不仅是化石，新物种也是。有一点很关键：不是"发现的人"，而是"报告的人"。宣布发现新物种的时候，要彻底调查确认是首次发现，需要将标本的各种特征逐一写进论文。关于命名，首先要确认某一名称没有被使用，其次最好是较好地体现标本特征的名字。有时候会加入发现者或者做出贡献的人的名字，也有的被冠以报告者心仪的女演员的名字。不过，如果后来的研究证实它不是新物种，原则上要取消命名。

生活在白垩纪时期的菊石的化石

Q 日本也有寒武纪化石吗？

A 加拿大、中国、美国、澳大利亚等国都发现了奇虾化石。非常遗憾，关于以奇虾为代表的寒武纪动物群在日本尚无发现报告。不过，"可能性不为零"是古生物学的常态，如果在日本发现形成于寒武纪的化石保存状态良好的地层，也许会发现这类化石。当然首先要发现这样的地层。

茨城县常陆太田市（左图）和日立市广泛分布着寒武纪地层

Q 地质年代的名称是怎样决定的？

A "寒武纪"这个名称源于英国威尔士地区的古地名"Cambria"。19世纪，地质年代相继定名。随着工业革命的开展，人们需要寻找产煤地层，在调查过程中，逐渐确定了地质年代的名称。率先推进工业革命的英国与其周边的欧洲诸国确立了标准，因此地质年代名称多数源自欧洲的古地名或民族名。

英国威尔士地区北部（左图）的旧称『Cambria』是寒武纪名称的由来，这里位于英国西部，因其美丽的自然湖水而享誉世界

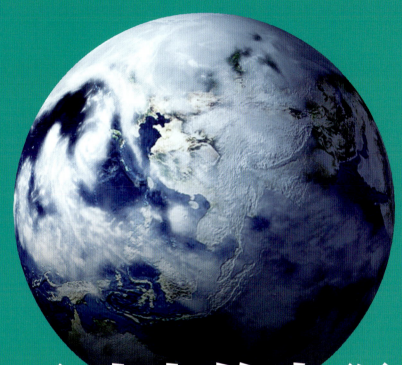

三叶虫的出现

5亿4100万年前—4亿8540万年前

[古生代]

古生代是指5亿4100万年前－2亿5217万年前的时代。这时地球上开始出现大型动物，鱼类繁盛，动植物纷纷向陆地进军。这是一个生物迅速演化的时代。

第 37 页　图片 /PPS

第 38 页　图片 / 联合图片社

第 40 页　插画 / 月本佳代美

第 41 页　插画 / 斋藤志乃

第 43 页　图片 / 自然历史博物馆图片库

第 44 页　图片 /PPS

　　　　　图片 / 川上绅一

　　　　　插画 / 三好南里

第 45 页　本页插画均由三好南里绘制

第 46 页　插画 / 三好南里

　　　　　图片 / 椎野勇太

第 47 页　本页图片均由椎野勇太提供

第 48 页　本页图片均由椎野勇太提供

第 49 页　插画 / 上村一树

　　　　　图片 /AGA/ 葡萄牙阿罗卡世界地质公园

　　　　　图片 / 国家自然科学博物馆

第 51 页　插画 / 月本佳代美

第 52 页　图片 / 舒德干 / 日本蒲郡市生命之海科学馆

　　　　　插画 / 三好南里

　　　　　图片 / 美国国家自然博物馆 / 史密斯索尼亚

　　　　　图片 /PPS

第 53 页　图片 /OPO

　　　　　图片 /PPS

第 55 页　图片 / 田中源吾

　　　　　插画 / 真壁晓夫

　　　　　图片 / 日本蒲郡市生命之海科学馆

第 56 页　图片 / 前田春良

　　　　　插画 / 三好南里

　　　　　图片 / 日本崛场集团

第 57 页　本页图片均由 PPS 提供

第 58 页　插画 / 三好南里

　　　　　插画 / 真壁晓夫（据水波真琴 2006 年所绘修改）

　　　　　图片 / 阿玛纳图片社（背景）

第 60 页　插画 / 三好南里

　　　　　图片 /PPS、PPS

　　　　　图片 / 龙虎堂

　　　　　图片 / 竹内一雄

第 61 页　图片 / 约翰·坎卡洛西 / 阿拉米图库

　　　　　图片 /PPS、PPS

　　　　　图片 / 竹内一雄

　　　　　图片 / 阿玛纳图片社

第 62 页　图片 /PPS

　　　　　本页其他图片均由 Aflo 提供

第 63 页　图片 /Aflo

第 64 页　图片 /PPS

第 65 页　图片 /PPS

第 66 页　图片 /PPS

　　　　　图片 / 图片图书馆

—顾问寄语—

新潟大学副教授 椎野勇太

寒武纪早期出现了拥有盔甲股外骨骼的三叶虫。

三叶虫丰富的化石记录，证明了古生代早期的海洋发生了丰富多彩的多样性变化。

而多种多样的外骨骼形态也有力地证明了三叶虫不同的生存方式。

其他生物身上也发生了神经系统进化、脊椎出现等与后世的繁盛息息相关的革新。

在了解进化的过程中，寒武纪的进化事件尤其不能忽视。

生命的 "革命家" 沉眠的大地

获取外界信息的眼睛，支撑身体组织、令身体能做出力量动作的骨骼，支
配思考、运动等行为的大脑——对于很多动物来说十分常见的这些构造，
被认为是大约 5 亿年前的寒武纪生物最先拥有的。位于中国西南部的云南
澄江，出土了见证这些生物飞跃式演化的珍贵化石。乍看之下平淡无奇的
这块土地，是生命演化历史中无与伦比的 "革命家" 们的沉眠之地。

**中国云南
澄江的化石出土地区**

出土的是寒武纪早期的生物化石。从20
世纪末起，这里相继发现了已知的最古老
的鱼类、中枢神经系统基本完整保存下来
的节肢动物等重要的化石，被认为是研究
寒武纪的重要地区之一。

生存竞争的开始

寒武纪的海洋出现了种类繁多的动物，展现了一派自地球诞生以来前所未有的热闹景象。随着动物种类与数量的增加，激烈的生存竞争时代拉开序幕。对于当时位于生态系统顶端的奇虾来说，昆明鱼是绝佳的"食物"。被巨大的奇虾追赶而四处逃窜的昆明鱼是最早拥有内骨骼的脊椎动物的祖先，它们甚至拥有类似原始"大脑"一样的东西。正因为它们当时从被捕食者追赶、吞食的处境之中生存了下来，并发生进化，才有了现在的我们。

昆明鱼　　奇虾

三叶虫的繁盛

持续繁盛了3亿年时间，连罗马帝国都要望尘莫及吧！

以超群的多样性著称的古生代生物"代表选手"

用坚硬的盔甲武装身体的化石之王三叶虫

突然出现了众多生物的『寒武纪大爆发』之中，有一种进化形式最多变、繁盛时期最长久的生物。它就是三叶虫。

5亿8000万年前地球上出现了埃迪卡拉生物群，它们没有脚，没有眼睛，也没有壳。而从5亿4100万年前开始的"寒武纪大爆发"中，生物的样貌发生骤变。开始出现以奇虾为代表的，拥有节肢、身体表层包裹着壳（外骨骼）的各种生物。三叶虫就是这些"新"生物中的一种。三叶虫用当时生物界中最坚硬的壳武装身体，一直繁衍到古生代最后的二叠纪晚期，生存时间长达3亿年，是古生代的代表生物。

从头部长有长触角的外形，到壳的形状令人联想起人脸的外形，三叶虫的形态多种多样。而大小方面，成虫既有5毫米以下的品种，也有长到90厘米左右的巨型品种。三叶虫不但形态多样，而且形态容易保存在化石中，所以，三叶虫化石作为帮助确认地质年代的标准化石，一直以来都受到极大的重视。

因此，现在身为"化石之王"的三叶虫化石，不仅备受研究者的推崇，同时也是一种广受一般化石收藏家喜爱的化石。

寒武纪的三叶虫

生活于寒武纪海底的三叶虫的想象图。三叶虫有形形色色的品种，有些在海底爬行，有些在海洋中游动，还有一些潜入海底的泥沙之中。周边则林立着类似海绵动物的生物，它们被称为古杯类。

三叶虫的大群集化石

生存于寒武纪中期的三叶虫群集化石。该化石在捷克的科尼塞克山被发现。三叶虫个体的体长在 15 毫米左右。被发现的三叶虫化石中有很多都是集中在一起的高密度群集化石。

现在我们知道！

与多样性、繁盛息息相关的三叶虫的武器

在寒武纪出现的拥有壳（外骨骼）的动物不仅获得了可以用来御敌护身的体表坚硬度，还能够以外骨骼为支点伸缩肌肉，达到了动作速度更快、力量更强的效果。于是，后来也出现了号称"寒武纪最强"的奇虾那样的捕食者。

在这样的情况下，在海底四处爬行的被捕食者——三叶虫，为什么能在 3 亿年这么长的时间里持续繁盛呢？想解开这个谜团，有几个关键点，其中一点就是三叶虫在面对不断迫近的敌人的过程中，进化发育出来的覆盖身体背面的背甲。

依靠盔甲一般的甲壳和眼睛与捕食者进行对抗

现在，大部分节肢动物的壳是由甲壳素注1构成的。但三叶虫的甲壳的构成物却是与方解石注2，成分相同的碳酸钙结晶。这是一种像贝壳一样坚硬的成分。如果把贝壳比作盾牌，那三叶虫的甲壳则可以说像盔甲一样。此外，三叶虫的甲壳与贝壳不同，它有很多接缝。因此，三叶虫的甲壳是可以活动的。

三叶虫的甲壳不但具有强大的防御能力，而且还能自由地活动。实际上，之后的时代里还出现了包

🔍 近距直击 · · ·

三叶虫的横向纵向都可以分为 3 个部分

"三叶虫"这个名字来源于它的身体构造。三叶虫的甲壳由正中间相对隆起的"中叶"与两侧平坦的"侧叶"组成。因为是它横向由"3 个（Tri）""叶（Lobe）"组成，所以被叫作"三叶虫（Trilobite）"。此外，纵向也可以分为头部、胸部、尾部 3 个部分。

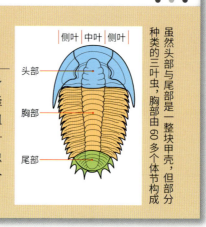

侧叶 中叶 侧叶

头部
胸部
尾部

虽然头部与尾部是一整块甲壳，但部分种类的三叶虫，胸部由 60 多个体节构成

三叶虫化石的出土地

因为三叶虫是分布广泛的繁盛生物，所以，美国、摩洛哥、捷克、俄罗斯、日本（宫城县气仙沼市）等世界各地都有化石出土。照片中是世界最大的三叶虫化石出土地——摩洛哥的阿勒尼夫。

寒武纪时期，生物多样性的发展也催生出明确的食物链。

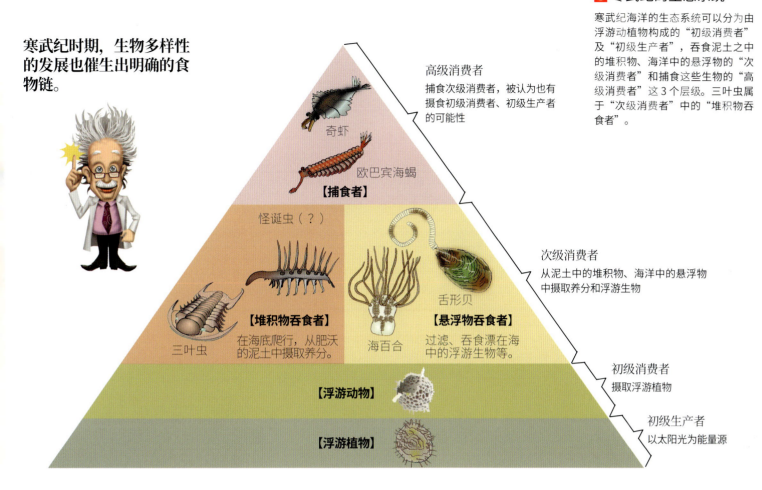

寒武纪的生态系统

寒武纪海洋的生态系统可以分为由浮游动植物构成的"初级消费者"及"初级生产者"，吞食泥土之中的堆积物、海洋中的悬浮物的"次级消费者"和捕食这些生物的"高级消费者"这3个层级。三叶虫属于"次级消费者"中的"堆积物吞食者"。

高级消费者
捕食次级消费者，被认为也有摄食初级消费者、初级生产者的可能性

奇虾

欧巴宾海蝎
【捕食者】

怪诞虫（？）

【堆积物吞食者】
在海底爬行，从肥沃的泥土中摄取养分。

三叶虫

舌形贝
【悬浮物吞食者】
过滤、吞食漂在海中的浮游生物等。

海百合

次级消费者
从泥土中的堆积物、海洋中的悬浮物中摄取养分和浮游生物

【浮游动物】

初级消费者
摄取浮游植物

【浮游植物】

初级生产者
以太阳光为能量源

裹着这种甲壳盔甲，却像潮虫一样能将身体蜷起来的三叶虫。

然后，为了能在生存竞争中存活下来，三叶虫还进化出另一样重要的"武器"——高精确度的眼睛。出现在寒武纪的节肢动物拥有与现代节肢动物相差无几的高性能复眼。与寒武纪其他节肢动物相比，三叶虫所拥有的，是与甲壳一样由方解石构成的晶状体，被认为能提供更高的精确度。

因为眼睛的优异性能，三叶虫能早早地感知捕食者的接近并逃跑，或者躲在岩石背后、泥沙之中，提升存活率。

脱掉甲壳的三叶虫变大了

虽然坚硬的"盔甲"为三叶虫带来了各种好处，但也有一种观点认为，坚硬的甲壳也许会导致身体难以变大。不过，三叶虫通过蜘蛛、蝎子、昆虫、甲壳生物等现在的部分生物也在进行的蜕壳行为成功避免了这个问题。因为每次蜕壳身体都会成长，所以，也可以说是三叶虫本身让壳变得坚硬。因为形态的复杂，三叶虫甚至

进化出了一种机能。难以蜕壳的甲壳头部有一个叫作活动颊的部位。在蜕壳的时候，三叶虫会脱掉这个部位，这样就不会卡住，蜕壳就变得更加容易。通过不断的蜕壳行为，三叶虫得以在坚硬的甲壳的保护下让身体长大。

此外，在生存竞争中发挥作用，帮助三叶虫存活下来的还有另外一样东西。那就是从头部到尾部整齐排列的附肢。

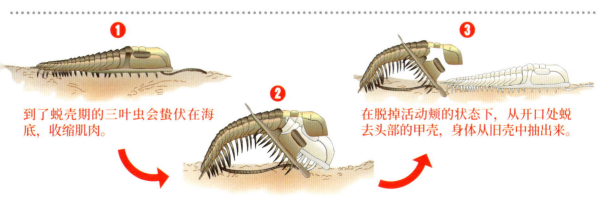

❶ 到了蜕壳期的三叶虫会蛰伏在海底，收缩肌肉。

❷ 背弯曲成弓形，在头部和活动颊之间制造开口。

❸ 在脱掉活动颊的状态下，从开口处蜕去头部的甲壳，身体从旧壳中抽出来。

三叶虫是这样蜕壳的

三叶虫最大的特征是有包含坚硬甲壳的外骨骼。随着身体的成长，这个部位会趋于狭小，所以一般认为三叶虫是通过蜕壳来让身体长大的，蜕壳方式是从舒展身体的状态（❶）开始，接着，头部脱掉活动颊等部位（❷），然后再进行蜕壳（❸）。

三叶虫的繁盛

在奥陶纪早期，三叶虫的种类迅速增加，但奥陶纪晚期冰盖扩张带来的寒冷导致三叶虫的种类减少。从志留纪中期到泥盆纪早期，由于海域的减少，三叶虫的种类也随之减少，但从泥盆纪中期到晚期，因为珊瑚礁等生物礁的环境增加，也出现过三叶虫种类暂时增加的现象。不过，之后三叶虫的种类就一路下降，开始衰退，到二叠纪晚期就灭绝了。

※ 近年的研究显示，原本属于褶颊虫目的镰虫亚目已经作为镰虫目独立出来，现在倡导的是 9 个目类的分类形式。

三叶虫的系统发生树

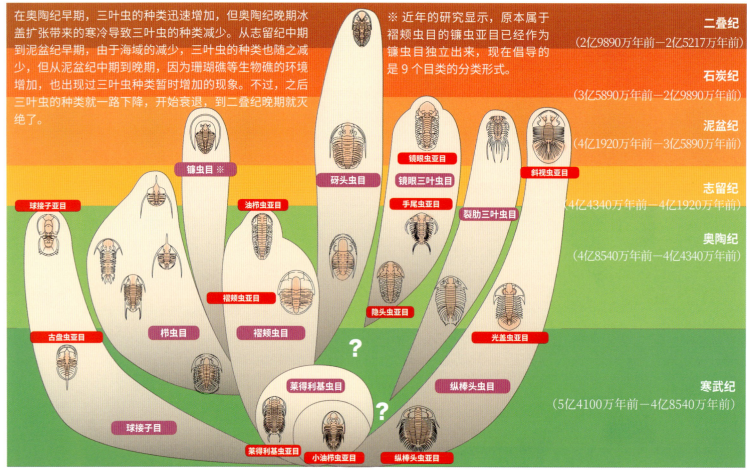

二叠纪
（2亿9890万年前－2亿5217万年前）

石炭纪
（3亿5890万年前－2亿9890万年前）

泥盆纪
（4亿1920万年前－3亿5890万年前）

志留纪
（4亿4340万年前－4亿1920万年前）

奥陶纪
（4亿8540万年前－4亿4340万年前）

寒武纪
（5亿4100万年前－4亿8540万年前）

镰虫目 ※
球接子亚目
油栉虫亚目
砑头虫目
镜眼虫亚目
镜眼三叶虫目
手尾虫亚目
裂肋三叶虫目
斜视虫亚目
褶颊虫亚目
栉虫目
褶颊虫目
隐头虫亚目
光盖虫亚目
古盘虫亚目
莱得利基虫目
纵棒头虫目
球接子目
莱得利基虫亚目
小油栉虫亚目
纵棒头虫亚目

科学笔记

【甲壳素】 第44页注1

这是构成螃蟹的甲壳、虾的壳、昆虫的外骨骼等坚固部位的物质，霉菌、菌菇等的细胞壁中也含有这种物质。这个词来源于古希腊语，意为"用来包裹的东西"。摄入甲壳素能提高免疫力和自愈能力，所以，该物质也被用于医药品之中。

【方解石】 第44页注2

由碳酸钙构成，作为构成大理石、钟乳石等的矿物成分而广为人知。方解石也是构成贝类的壳的主要物质，莫氏硬度为3，比人类的指甲稍硬一些。但贝类的话，因为被称作"贝壳硬朊"的蛋白质将碳酸钙等结晶联结在一起，所以硬度更加高。

【地球史上规模最大的生物大灭绝】

第46页注3

指的是发生于古生代最后的年代二叠纪（2亿9890万年前－2亿5217万年前）的生物大灭绝事件。陆地上70%的生物，海洋中96%的生物都灭绝了。关于灭绝的原因，有多种看法，其中比较有名的观点是，因为泛大陆的诞生，地球内部产生了超级地幔柱，进而引发了影响整个地球的火山大喷发。

因为有"附肢"，所以低氧状态下也没问题？！

三叶虫的节肢被称为"双肢型附肢"，从根部分化为"内肢"与"外肢"。三叶虫被认为通过使用梳齿状的外肢在甲壳的腹部循环海水，达到在低氧状态下也能呼吸的效果。特别是寒武纪的海底，研究显示那是缺少氧气的低氧环境，三叶虫在这样的环境下扩大了栖息的范围。

寒武纪的海底堆积着肥沃的泥土。以最有效的方式从这些富含养分的泥土中摄取能量的动物之一就是三叶虫。一方面，三叶虫依靠坚硬的盔甲武装身体，抵御捕食者来自上方的攻击，在海底四处爬行。另一方面，它们从泥土之中过滤、吞食微生物和养分。研究者认为"低氧、养分充足"的环境是三叶虫诞生以及日后繁盛一时的必要条件。

三叶虫在长达 3 亿年的时间里，于多变的环境中不断地进行适应性辐射，进化出 8 目 13 亚目 29 超科 171 科，超过 6000 属的种类。这个古生代的代表生物在之后的泥盆纪晚期种类骤减。古生代最后的二叠纪晚期，发生了海洋中 96% 的生物遭到毁灭的地球史上规模最大的生物大灭绝[注3]，三叶虫也在此次事件中销声匿迹了。

金氏厄拉夏虫脱掉活动颊进行蜕壳的个体的化石

具备高性能游动能力的三叶虫是捕食者吗？

"离开海底"的进化

三叶虫拥有左右相对的双肢型附肢。因为这些附肢排列紧密，能够活动的范围很小，无法做出力量大的动作，所以，大部分三叶虫都是在海底爬行的底栖生物。尽管附肢的推动力很微弱，但其中也有依靠外骨骼的辅助进化出游动能力的三叶虫。

最早离开海底的三叶虫出现在寒武纪晚期。当时的三叶虫梳形尾虫拥有长着细刺的小外骨骼，与其说是游动，其实更接近在海中悬浮。在寒武纪之后的奥陶纪里，三叶虫的游动生态也变得多样化。其中，有一种学名为 *Hypodicranotus Striatulus* 的三叶虫拥有外表光滑特异的流线型外骨骼，整个腹部被叉子状的口下板（口器）覆盖。作为唯一拥有这些特征的三叶虫，它真是令人惊叹。它的外骨骼令人联想到优异的游动性能。又因为叉子状的口下板看起来实在太像用于捕食的工具，所以也有人认为它是擅长游动的凶恶的捕食者。不过，虽然如此猜测，但这个叉子固定在头部，是无法活动的，关于叉子

■ 学名为 *Hypodicranotus Striatulus* 的三叶虫的形态

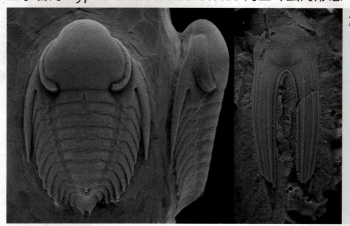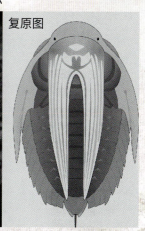

复原图

拥有光滑的流线型外骨骼（照片左边、中间），也拥有从腹部的顶端延伸至尾部的大叉子形状的口下板（照片右边以及复原图）。

的使用方式，至今仍然是一个谜。

对"游动主导的古生态"进行重新研究

Hypodicranotus Striatulus 的流线型外骨骼使得水不易对它产生阻力。那么，叉子状的口下板在游动时会产生怎样的影响呢？通过流体模拟来研究不同形态下的游动特性，发现叉子在游动时起到了减少阻力、保持直线游动的作用。乍看之下显得凶恶的叉子并不是为了捕捉其他生物，其中潜藏着提升自身游动能力的机能。

此外，这种三叶虫在游动的时候，叉子的缝隙间会产生逆流。这种逆流与鲨虫等节肢动物收集有机物来吃时因附肢的动作而形成的摄食水流一致。

考虑到三叶虫的附肢实用性不足，*Hypodicranotus Striatulus* 应该是依靠游动来高效地收集食物。并且，侧叶的腹部相当于三叶虫的

呼吸区域。沿着腹部流动的左右对称的旋涡提升了它游动时的呼吸效率。

在寒武纪出现的三叶虫被认为以富含有机物的堆积物为食。*Hypodicranotus Striatulus* 是在没有改变收集有机物这种摄食方法的情况下，朝着发挥外骨骼移动潜能的方向进行了进化，在保留移动能力不足的附肢的情况下进化出了游动能力。从中我们看到了将高效摄食与高效呼吸结合起来的复合型生物样态。

"捕食者"这个生物样态是由形态联想到的，由直观的假设引起的误解。虽然已成化石，但三叶虫毕竟是生物。现在，研究者正在通过与生物性相关的研究手法，对过去的三叶虫古生态观点进行重新研究。

椎野勇太，东京大学研究生院理学系研究科地球行星科学专业博士。致力于探明蕴含于灭绝生物形态中的生理特性。2013年出版《隐藏于凹凸形壳体中的谜——探访腕足动物的化石》（东海大学出版会）

■ 流体模拟的结果

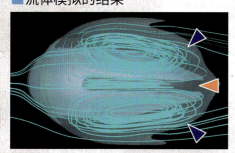

将外骨骼设置成半透明，观察游动时水的流动。用蓝线追踪水流，发现水流在口下板的缝隙中逆向流动（红箭头），同时也发现水流沿着侧叶的腹部呼吸区域流动时形成了左右对称的旋涡（蓝箭头）。

原理揭秘

三叶虫因甲壳的独特形状与种类的多样性而广为人知。但它们强大的能力却很少有人了解。

即使在诞生于寒武纪的生物之中，三叶虫也是繁盛了3亿年的稀有物种。而支撑这一点的是它们掌握的各种特殊能力。在此，我们来了解一下其中尤其重要的三大能力——看、蜷、爬。

支撑三叶虫繁盛的三大能力

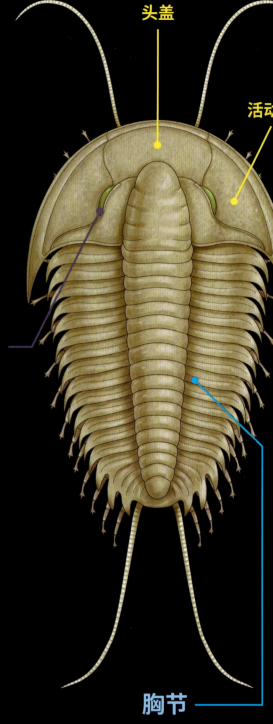

头盖

活动

腹眼

胸节

【看】

三叶虫最大的特征是强大的视力。它们的眼睛与现在的昆虫等节肢动物一样，是"复眼"。三叶虫依靠多个小晶状体收集多个图像，成功地扩大了视野，提升了图像识别能力。研究者认为三叶虫正是凭借这一点迅速地识别捕食者，提高了生存概率。

三叶虫的复眼

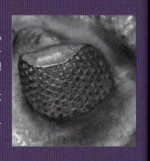

三叶虫的复眼中密集地分布着小晶状体。复眼的进化程度不逊于现代动物。三叶虫能根据自己想看的是敌人还是伙伴来调节中间、边缘等复眼各个区域的晶状体大小，以此来改变图像识别能力。据说三叶虫之中也有能探知捕食者接近的速度和距离的品种。

三叶虫的视野

三叶虫的视野不仅能确认海底、伙伴等所在的下方与水平方向，还能环视上方。因此，作为在海底爬行的底栖生物，三叶虫能够及时观察到从上方袭来的捕食者。部分拥有游动能力的三叶虫能同时观察、确认水面方向与海底。

【蜷】

有的三叶虫能像犰狳一样能通过将身体蜷起来的方式进行自我保护。虽然主流的观点认为三叶虫是依靠坚硬的甲壳覆盖全身来抵御捕食者攻击的，但也有观点认为三叶虫会将身体蜷起来，保持静止不动，假装是海底的石头等东西来躲避捕食者。

身体蜷曲的三叶虫

处于蜷曲状态下的三叶虫的化石。也有一些三叶虫的头部和尾部呈凹凸形状，相互咬合后可以"锁住"姿势，以此来维持蜷曲的状态。

三叶虫是如何蜷的？

身体在中部弯曲，把柔软的腹部收进甲壳的内侧。部分品种的三叶虫为了避免身体过分弯曲，甚至在弯曲的部位进化出像限位器一样的凸起，构造十分精妙。

横截面示意图

三叶虫的身体分为左右的侧叶与中叶，侧叶的腹部一面长有呼吸器官，硬刷状的外肢把氧气与养分送入这里。研究者还认为三叶虫身体中间长有纵向贯穿的消化管，而消化管周围则长着肌肉与神经管。

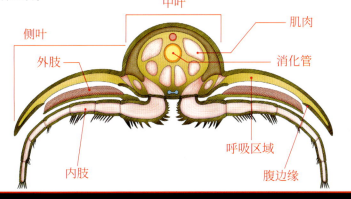

中叶

侧叶

肌肉

外肢

消化管

内肢

呼吸区域

腹边缘

口下板
也被称为"三叶虫的嘴唇"，被认为是用来保护集中于头部的内脏的器官。

触角

口
位于口下板的内侧。

腹边缘
甲壳腹部翻折的部分，是呼吸区域与甲壳的分界部位。

为了更加清楚地展示，此处略去了附肢。

尾部触角

随手词典

【拥有游动能力的三叶虫】
有生存于奥陶纪的桨肋虫、圆尾虫等。只有少数品种的三叶虫拥有游动能力，为了获得这个能力，它们的身体发生了逐渐趋向流线型等变化，朝着游动的方向进化。

【体节】
当动物身体的头尾轴方向上长有多个相似构造的时候，我们把这些相似构造的单位称为"体节"。主要见于节肢动物、脊椎动物、环节动物。

拟油栉虫

分类：纵棒头虫目
年代：寒武纪中期
产地：加拿大、格陵兰岛等
体长：85 厘米

这是形状最典型的三叶虫，特征是从头部长出来的霸气的触角。研究者认为这种三叶虫频繁地在海底爬行，吞食小型生物与生物的尸体。

近距直击

史上最大的三叶虫有多大？

　　大部分三叶虫身体全长在 2～5 厘米。以前比较知名的是长达 72 厘米的三叶虫个体，但 2009 年发现了超过这个长度的史上最大三叶虫。从葡萄牙北部挖掘出来的尾巴部分推测，这个个体体长约 90 厘米。研究者认为它生存于奥陶纪（4 亿 8540 万年前—4 亿 4340 万年前）的高纬度地区或者南极周边，并推测水温寒冷、氧气较少的生长环境导致了它的巨大化。

巨大三叶虫的化石。30 厘米以上的完整化石标本十分稀少

双肢型附肢

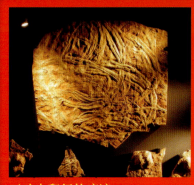

三叶虫爬行的痕迹
从两列一组的痕迹可以看出这是三叶虫在海底爬行时抓地的爬痕。

【爬】

除了头部最前端，三叶虫全身一直到身体后端分为数个体节，而每个体节都长有一对节肢。三叶虫的脚有个专门的称呼叫"双肢型附肢"，分为用于在海底爬行的"内肢"和将含有氧气的海水送入呼吸器的"外肢"。有规律地使用内肢可以让三叶虫在海底方便地爬行，而使用外肢则可以促进水循环，为三叶虫补充氧气与养分。研究者认为这样的高性能设计为三叶虫的繁盛提供了支撑。

进化出脊椎

进化出支撑身体的脊梁骨的生物

无论是海洋还是陆地，站在当下生态系统顶端的都是『脊椎动物』。那么，包括我们人类在内的脊椎动物是什么时候出现的呢？这个谜团直到 20 世纪将要结束的时候才被解开。

另外一种说法认为，它们像沙丁鱼一样集结成群。

进化出内骨骼
在生存竞争中存活下来

在出现于寒武纪的各种生物中，以被称为当时生态系统的霸主奇虾与三叶虫为代表，身体包裹着像壳那样的外骨骼的生物不断地展开激烈的生存竞争。

其中，也出现了与现在的大部分生物有着紧密联系的生物种类。那就是拥有脊椎的生物。脊椎一般指的是被称为脊梁骨的部位，发挥着支撑生物身体的作用，是极其重要的部位。

拥有脊梁骨等内骨骼的生物与拥有像壳、甲壳等外骨骼的生物，两者形态迥异。

昆明鱼、海口鱼可以称得上内骨骼生物的代表。这两种生物的化石于 1999 年在中国云南省澄江的寒武纪地层中被发现，它们被称为"最古老的鱼类"。也就是说，它们无疑是与我们人类紧密相关的脊椎动物的祖先。

不过，在寒武纪的海洋中，这些生物是弱者。它们为了在激烈的生存竞争中存活下来，持续进化。

"最古老的鱼类"
昆明鱼
| *Myllokunmingia* |

体长比现在的青鳉鱼再短一些，为2～3厘米。长有背鳍的流线型身体与现在的鱼类相似，但这种生物的特征是没有"颌"。因此，研究者认为它们无法吃坚硬的东西，可能是以啄食腐败的生物尸体为生。

进化出脊椎

昆明鱼的化石

澄江出土的昆明鱼的化石（上）与示意图（下）。可以看到身体中心有细长型的结构，这个被认为是脊椎。昆明鱼名字中的"Myllo"是"鱼"的希腊语，"kunmin"来源于化石的出土地——中国云南省的城市昆明（kunming）。

现在我们知道！

提升存活能力，达到繁盛的脊椎动物

脊梁骨，即脊椎，本来是作为身体中轴的重要的脊索[注1]。在布尔吉斯页岩层发现了拥有这种脊索的，像鱼一样的皮卡虫的化石，类似现在的文昌鱼。在一段时间内，皮卡虫被认为是脊椎动物的祖先。但是，之后从比布尔吉斯页岩更古老的5亿2100万年前的地层发现了拥有脊椎的昆明鱼和海口鱼[注2]的化石。由此可以知道脊椎动物在更早之前就存在了。

内骨骼的发达提供了"逃跑"的可能性

虽然现在脊椎动物站在地球生态系统的顶端，但脊椎动物的祖先——昆明鱼的体长最长也不会超过3厘米。昆明鱼无法抗衡奇虾等大型节肢动物，同时，由于没有颌，它们自然也不是捕食者。

那么，昆明鱼进化出脊椎的好处是什么呢？其实提升的不是攻击的能力，而是存活下来的能力。与当时的节肢动物通过使用外骨骼上的肌肉来完成力量动作一样，昆明鱼通过使用脊椎等内骨骼[注3]和肌肉，也能够做出迅速的动作。一言以蔽之，就是"逃得快"。

不过，如果只有这一点，无法构成昆明鱼从生存竞争中成功突围、进而使现在脊椎动物在地球上呈现繁盛状态的理由。关于进化出内骨骼带来的好处，在研究之后的脊椎动物的进化时才为人所知。

图中标注：5mm　肌节　脊索　背鳍　肠　腹鳍　围鳃腔　鳃囊　口

人类的祖先是皮卡虫？

观点碰撞

刚被发现的时候，皮卡虫被归类为原始的多毛纲生物，直到1979年才被改为"原始脊索动物"。美国的古生物学家史蒂芬·古尔德根据这个学说，在著作《奇妙的生命》中指出皮卡虫是"脊椎动物的祖先""人类的祖先"。因此，皮卡虫才被认为是"最早的脊椎动物"。但是，随着昆明鱼等生物被发现，现在皮卡虫作为脊索动物的一个属，大多数情况下都不再被视为特别的物种了。

皮卡虫的复原图，背部有脊索，被认为吞食堆积物中的有机物等

在加拿大的布尔吉斯页岩发现的皮卡虫化石，收藏于纽约的美国自然历史博物馆

进化出内骨骼的好处

"内骨骼"由身体内坚硬的骨骼构成。这个经过进化而拥有的构造为脊椎动物在生存竞争中存活下来带来了各种益处。此处以鲷的骨骼为例。

能做出迅速的动作

依靠坚硬的骨骼连接起肌肉的两端，通过收缩引发杠杆作用力，就可以做出具有力量的动作，移动的动作也能加快。现在，水中最快的生物是脊椎动物中的鱼类平鳍旗鱼；陆地上最快的生物是哺乳动物猎豹。

前头骨

脊梁骨（神经棘）

脊梁骨（椎骨）

下尾骨

肩胛骨

肋骨

脊梁骨（血管棘）

储存养分

骨骼是储存人体必需的营养要素——对生理机能来说十分重要的磷、钙等元素的"储藏库"，发挥着重要的作用。当磷、钙等元素不足时，骨骼会释放出这些元素；当这些元素过剩时，骨骼会暂时储存。此外，骨髓腔还能储存作为能量的"脂肪"。

身体可以变大

身体变大的情况下，覆盖全身的外骨骼会有限制，但内骨骼可以随着身体的增大而增大，所以产生巨型生物的可能性更大。现在最大（体积以及体重）的生物是脊椎动物中的哺乳动物蓝鲸。

科学笔记

【脊索】第52页注1

指的是从身体头部向尾部延伸的软绳（棒）状支撑器官。脊索沿着神经管分布，由中胚层发育而来。脊索作为身体的中轴，在动物的运动方面发挥着重要的作用。脊索动物包括拥有脊椎（脊梁骨）的脊椎动物与没有脊椎、仅有脊索的原索动物，是生物的一个"门"。

【海口鱼】第52页注2

与昆明鱼一样，海口鱼是生命史上最早的鱼类（脊椎动物），中国西北大学的教授舒德干在1999年公布了这一发现。出土的海口鱼化石个体超过100个，但也有观点认为海口鱼和昆明鱼是同一种生物，直到现在相关的讨论仍在继续。

【内骨骼】第52页注3

指的是身体内拥有骨骼的构造。脊椎动物是拥有内骨骼的代表生物，海绵动物、海参、珊瑚等生物体内的骨片也被认为是内骨骼。

【中枢神经】第53页注4

指的是生物拥有的神经系统之中由脑与脊髓构成的中枢部位的神经系统。连接中枢神经与受体等的神经被称为末梢神经。

脊椎动物依靠内骨骼让身体变大成为海洋里的霸主

寒武纪结束后，又过了大概2100万年的时间，这个时候，鱼类等脊椎动物的体长最长的是几十厘米，它们是最长体长可以达到3米的广翅鲎等大型节肢动物"捕食的对象"。不过，之后随着时代的前进，鱼类的身体开始趋向大型化，颌的部分也进化得很厉害。它们扩大了自己在海洋里的支配权，从节肢动物手中夺取了海洋生态系统顶点的宝座。

不久之后，这些生物开始走向陆地。这个时候，因外骨骼所能支撑的内部肌肉、器官的重量有限，依靠外骨骼固定身体的节肢动物在体形方面受到限制。而另外一方面，脊椎动物登上陆地时则可以保持在海洋中进化出来的巨大体形。因此，从登上陆地的瞬间开始，脊椎动物就站在了捕食以昆虫等为代表的节肢动物的层级上。就这样，脊椎动物成为了陆地生态系统的霸主，一直到现在。

另外，内骨骼还为脊椎动物的进化带来重要好处，那就是肋骨、脊椎等坚硬的内骨骼可以保护内脏和中枢神经[注4]。内骨骼包括头骨，这个头骨保护的就是"脑"。事实上，昆明鱼的化石中可以发现几毫米的头骨。寒武纪时"脑的诞生"令之后的生态系统变得更加复杂。

地球进行时！

活化石"原索动物"是什么？

在脊椎动物之中，脊索在形成过程中会被覆盖有软骨、骨骼的脊椎代替，并发生退化。另外一方面，尾索动物海鞘则像蝌蚪一样，游动的幼年期尾部有脊索。而头索动物文昌鱼身体背部终生有脊索。包括尾索动物与头索动物在内的原索动物，被称为"活化石"。

文昌鱼。体长3～5厘米，生活在全球温暖的海洋中

脑的诞生

拥有脑的生物
激化了生存竞争

诞生了眼睛、骨骼、脊椎等器官与构造，此外还发生了另一个与生命史息息相关的重大进化，那就是支配全身神经的『脑』的诞生。

留在化石里的寒武纪的脑的痕迹

以精妙的眼睛为代表，外骨骼、内骨骼、脊椎等等，寒武纪大爆发中诞生的生物进化出来的器官不计其数。其中一项就是"脑"。

脑是位于生物头部的中枢神经系统的主要部分，是控制生物行动、感觉的"司令部"。狭义上来说，脑是指被人类等脊椎动物的头骨所包裹着的器官。广义上来说，脑也包括昆虫、章鱼等无脊椎动物头部的脑神经节。寒武纪之前的埃迪卡拉生物，它们没有头，没有眼睛，也没有脑。而寒武纪的生物群中有很多生物拥有头和眼睛。研究者认为它们在采取摄食行为时使用了脑。

但是，脑状态柔软、容易腐蚀，很难形成化石保留下来。关于这一点，昆明鱼的化石中发现了头骨，这为脊椎动物的狭义上的"脑"的诞生提供了非常宝贵的证据。

20 世纪 80 年代在中国澄江出土的节肢动物化石在 2012 年之后被发现存在脑的痕迹。研究者于第二年进一步分析出了脑的各个部位的形状、大小。化石告诉我们一个事实：寒武纪大爆发是脑诞生的一场重大庆典。

也就是说生物能够思考了哦。

始虫化石

这是始虫侧面角度的全身化石。乍看之下很像现代的虾（甲壳亚门），但通过对其神经系统构造的研究，结果显示它更接近蜘蛛与蝎子（螯肢亚门）。

始虫 | *Alalcomenaeus*

体长3厘米左右。被认为会在海中游动、在海底爬行。因为中枢神经更接近包括现代的节肢动物中华鲎等在内的螯肢亚门，所以图中复原的颜色模拟了中华鲎的颜色。

澄江的化石出土地

位于中国云南澄江。这里的部分沉积层能挖掘出保存状态极佳的化石。研究者在这里发现了保存着一般情况下难以形成化石的中枢神经系统等器官的化石。

脑的诞生

头部

前大脑

中大脑

后大脑

左：背面角度的始虫全身标本的光学照片。右：左边照片的头部中，通过能量色散X射线谱分析得出的铁元素高浓度部分的画像与通过X射线显微断层扫描得到的图像相互叠加后（紫色）的放大照片，可以清晰地看出始虫的"脑"的形状

始虫的"脑"

始虫的脑的前端有四只宽度为0.7毫米的眼睛，视觉神经从这里延伸到被称为前大脑的器官。可以看到始虫的这两个部位之间与蝎子等生物一样，左右各有一块神经细胞群，共两块。因此，我们可以知道始虫是螯肢亚门的祖先。

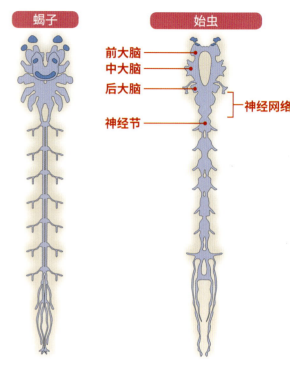

蝎子 　　 始虫

前大脑
中大脑
后大脑
神经网络
神经节

神经系统的比较

上面是始虫与蝎子的神经系统的比较图，可以看出始虫已经进化出与现代生物非常相似的神经系统。

现在
我们知道！

通过世界首个保存在化石中的神经系统来探究远古的『脑』

寒武纪时很多生物进化出"眼睛"，眼睛在生物进化中发挥了巨大的作用。既然有了眼睛，那不难想象那些生物也有用来处理眼睛收集到的信息的器官，也就是"脑"。但是，就像前面已经提到的那样，脑难以保存在化石中。而在澄江发现的部分节肢动物的化石中能看到保存状态良好的包括脑在内的中枢神经系统[注1]，这让众多研究者喜上眉梢。

脑带来的生态系统复杂化

2013年10月，日本海洋科学技术中心的田中源吾等人通过使用能量色散X射线谱和X射线显微断层扫描来研究寒武纪节肢动物始虫的化石，进一步探明了中枢神经系统的排列样式等化石中的脑的形态与结构。

结果发现，现在的蜘蛛、蝎子、中华鲎等螯肢亚门[注2]生物的中枢神经系统与寒武纪早期的大附肢生物的中枢神经系统的排列样式非常相似。这个发现属于世界首次。

这意味着，不光是狭义上的脑，就连广义上的脑[注3]也诞生于寒武纪。区分生物是否有广义上的脑的指标之一就是生物在遇到危险

科技
发现

使远古神经显现的X射线分析

一般脑和神经等软组织不会以化石的形式保存下来，但生物在变成化石的时候，铁等金属有时会沉淀在有神经的部位。利用这一点研究软组织存在的方法就是能量色散X射线谱分析法。使用阴极射线、X射线照射化石，会产生特征X射线或者X射线荧光。化石的构成物质不同，需要的能量就不同。显示有铁元素的区域很可能原来是神经区域。

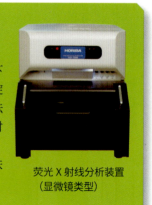

荧光X射线分析装置
（显微镜类型）

脑是这样进化的！

寒武纪的生物沿着从神经到神经节再到脑的方向进化，不断提升遇敌逃避的能力。

 →  →  →

海绵动物（海绵）
因为没有神经，所以面对刺激（危险）时没有反应。

刺胞动物（水母）
虽然有神经，但无法采取行动来回避刺激（危险）。

扁形动物（涡虫）
有神经节和眼睛，可以判断对方的动作。

节肢动物（虾）
根据脑的判断，面对敌人（危险）时能采取高效的逃避行为。

科学笔记

【中枢神经系统】 第56页 注1
指的是在神经系统之中，大量神经细胞聚集在一起的中枢区域。脊椎动物的中枢神经系统是脑与脊髓。

【螯肢亚门】 第56页 注2
这是构成节肢动物门的一个物种，由肢口纲与蛛形纲两个纲构成。肢口纲有中华鲎等物种，有很多物种已经灭绝。蛛形纲有蝎目、蜱螨亚纲、蜘蛛目，现在仍有很多物种存活。

【广义的脑】 第56页 注3
节肢动物门、软体动物门（头足纲）等，头部的神经节明显比其他神经节发达，从广义上来说，头部的神经节也被称为"脑"。但在医学领域，一般不会这样说。此外，从系统发生学的角度来看，脊椎动物和无脊椎动物的脑之间没有直接的关联。

【刺胞动物】 第57页 注4
水母、海葵、珊瑚等。以前被称为"腔肠动物"，但现在这个词已经不再使用。

"思考"是有脑无脑最根本的不同点哦。

时能否使用全身采取高效的动作逃跑。换句话说，也就是能否做出"有效地逃跑的思考"。

比如，用现在的生物打比方，水母、海葵等刺胞动物[注4]，海星、海胆等棘皮动物，给这些生物刺激，它们能在瞬间躲避刺激。但是，这只是单纯的神经反射行为，不能算做出该如何回避刺激物的思考后采取的动作。

另一方面，脊椎动物自然无需赘言，几乎所有拥有广义上的脑的节肢动物、软体动物都可以用眼睛确认危险的对象，用脑处理眼睛收集的信息，进行思考，指挥身体各部分采取不同的动作，高效地逃跑。

脑诞生后，眼睛等感觉器官和运动能力得到升级，"吃或者被吃"的生存竞争愈发激烈。为了在这样的严苛环境中存活下来，生物的脑在不断进化。就像这样，脑的诞生促进了寒武纪生态系统的多样化。

"脑"持续进化
最终诞生了人类

最后，一部分鱼类登上陆地，接着出现了两栖动物、爬行动物，2亿2500万年前的三叠纪晚期，出现了哺乳动物。距今大约700万年前，地球上进化出了生物史上脑占体重的比例最大且构造最复杂的生物——人类。

近距直击

"脑的竞争"拉开序幕

如果比较判别形状与位置的视力，苍蝇的"复眼"只有人类、章鱼等通过晶状体来对焦的"相机眼"的几十分之一。但是，苍蝇可以判别人类无法识别的荧光灯每秒100次的闪烁。在捕捉动态物体（细分时间）的动态视敏度方面，复眼的精确度要高出数倍。通过在脑部处理这样的视觉信息，人类的行动在苍蝇看来就像慢动作一样，因此，苍蝇可以轻而易举地躲开人类的攻击。在节肢动物繁盛的寒武纪，脊椎动物、软体动物悄悄地开始扩大势力范围。同时，"擅长分析速度的脑（复眼）"与"擅长分析空间的脑（相机眼）"的生存竞争也拉开了序幕。

章鱼的相机眼

苍蝇的复眼

脊椎动物在背部，节肢动物在腹部

　　脊椎动物的神经系统在背部，节肢动物在腹部。19世纪，有一种观点认为这种身体结构的差异是区分脊椎动物与节肢动物的标准。与此同时，也有一种观点认为"如果人仰着把身体弯成拱形走路，就和昆虫一样了"，因此，所有动物都是同一种身体结构。从当时一般的印象来说，前一种说法占据优势，但进入20世纪90年代之后，研究者发现对具有互换性的基因进行操作，可以让昆虫在背部长出神经系统，让两栖动物在腹部长出神经系统，于是，第二种观点也逐渐得到认可。

脊椎动物的模式图

背部

脑　　　背部神经（脊髓）

口　　　肛门

循环器系统

腹部

节肢动物的模式图

背部

脑　循环器系统

消化管　　　肛门

口

腹部神经

腹部

刺胞动物门

海葵、水母、珊瑚等，没有中枢神经，只有扩散神经系统。

触手冠动物门

舌形贝、外肛动物等，没有中枢神经，只有扩散神经系统。

环节动物门

蚂蟥、蚯蚓、沙蚕等，拥有脑神经节与腹部的神经索。

扁形动物门

涡虫、绦虫等，拥有眼点，头部形成了脑。

有爪动物门

栉蚕。生活在南半球的热带雨林的地表、枯木之中。

缓步动物门

水熊虫。从151摄氏度到绝对零度，从真空到7500兆帕，还有极度干燥状态，它都能够在其中生存。

始虫

节肢动物门

节肢动物昆虫的脑神经节具备高效的处理能力。昆虫的脑神经节分为前大脑、中大脑、后大脑3个部分。研究者认为前大脑负责视觉信息等各种感觉信息的高级处理，中大脑负责触角的嗅觉、接触感觉等的处理，后大脑负责控制内脏肌肉，整合处理口器的知觉信息。

节肢动物门
（蟋蟀、蜜蜂、口虾蛄）

舌形动物类

舌形虫。寄生于爬行动物与哺乳动物的肺、鼻腔里的动物。

软体动物门
（头足纲）
（莱氏拟乌贼）

软体动物门
（头足纲）

乌贼、章鱼等头足纲生物的神经系统非常发达，它们的脑神经节可以说是无脊椎动物中最大的。从占体重比的角度来看，它们的比重比脊椎动物中的鱼类、爬行动物还要大，其中有些品种的占体重比甚至接近鸟类与哺乳动物。

随手词典

【身体结构】
指的是动物身体的基本构造。身体结构相同的动物被归为一类，称为"门"。

【大脑】
这是脑的主要部分。人的大脑，指的是左右大脑半球与连接两个半球的胼胝体，半球表面有纹路与褶皱。大脑的表层覆盖着灰质（大脑皮质），内部是轴突聚集的白质（大脑髓质）。

现在的生物神经系统进化到了什么程度？在进化的过程中，有多少生物的脑得到了发育？

拥有神经系统的生物大致可以分为中枢神经系统在背部的后口动物与中枢神经系统在腹部的原口动物。在这个系统发生树中，右页的生物为后口动物，左页的生物为原口动物。后口动物进化的顶点有进化出发达的巨大脑部的脊椎动物，原口动物进化的顶点有进化出较大脑部的头足纲生物、高性能微型脑的昆虫纲生物。神经与脑的系统发生树可以当作神经与脑的进化史的示意图。

原理揭秘

神经与脑的进化

毛颚动物门
统称为箭虫，是生活在海洋里的肉食性浮游生物。

半索动物门
肠鳃纲生物生活在浅海的泥沙中，羽鳃纲生物则生活在深海底。

昆明鱼

原索动物门
文昌鱼、海鞘等，拥有脊索。

棘皮动物门
海胆、海星、海参等，没有中枢神经，只有扩散神经系统。

哺乳纲（人类）

脊椎动物亚门
从狭义上来说，"脊椎动物的脑"才是"脑"。在比较脊椎动物的"脑"时，有一个大致的趋向特点，随着进化的进程，大脑在身体中所占的比重会越来越大。比如两栖动物的比重比鱼类大，爬行动物的比重又比两栖动物大。

大脑
小脑
延髓
脊髓

两栖纲（无尾目）

鸟纲（鹅）

爬行纲（鳄目）

鱼类（鳕科）

地球博物志

三叶虫的化石

| Trilobite fossil |

令收藏家们着迷的来自远古的馈赠

种类丰富、形态独特的三叶虫作为"化石之王",自古以来不但获得了收藏家们的青睐,也得到了普通古生物学爱好者们的喜爱。在此介绍一下寒武纪的化石逸品。

长久繁盛的三叶虫

在所有化石之中,三叶虫的化石因出土量之多而广为人知。三叶虫与奇虾等生物一样,是在生物首次呈现多样性的寒武纪大爆发中诞生的。当时生物的大多数早就灭绝了,或者进化成别的物种,但三叶虫却一直生存下来,在之后的时代中进一步呈现出多样性的种类,成为古生代的代表性生物。而为将近3亿年的繁盛打下基础的正是寒武纪的三叶虫。

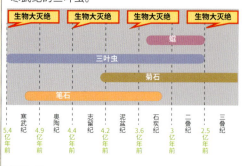

【拟油栉虫】

| Olenoides superbus |

这只三叶虫名字的意思是"精彩的、雄伟的"。因为可以明确地区分头部、胸部、尾部,所以被用来制作三叶虫的身体结构复原图。骨骼边缘向外侧突出形成棘刺,头部后端和各个胸节的中叶也长有棘刺。这类三叶虫保存状态良好,其中有些化石还可以辨认出触角、附肢、触角形的尾角等。

数据	
分类	纵棒头虫目
年代	寒武纪中期
产地	美国犹他州
体长	130毫米左右

【小油栉虫】

| Olenellus gilberti |

这是莱得利基虫目小油栉虫亚目的代表性三叶虫属种,只生活于寒武纪。因为身体扁平,所以无法采取蜷起来的防御姿势。头部左右两边分别有棘刺向后方延伸,第三个胸节的左右两边也有向同方向延伸的棘刺。研究者认为这个品种的三叶虫依靠这些棘刺来防止身体陷入满是软泥的海底。

数据	
分类	莱得利基虫目
年代	寒武纪早期
产地	美国内华达州
体长	100毫米左右

文明与地球 古生物所展现的美

作为装饰品备受青睐的三叶虫

三叶虫的化石曾作为挂在身上的"装饰品"而受到青睐。19世纪下半叶新艺术运动的珠宝匠们将展翅的昆虫、张着嘴巴的蛇以及三叶虫等元素积极地融入设计之中。据说因为这个原因,出现了将三叶虫的化石装进坠饰、手镯中的珠宝首饰。顺便提一下,被制作成装饰品的大多是具有黑色光泽的金氏厄拉夏虫。

使用了三叶虫化石的吊坠
(现在市面上有售)

【诺尔伍德虫】

| Norwoodia bellaspina |

这种三叶虫的特征是身体接近圆形,头部的中央长有向后方延伸的棘刺,胸节的中央也长有向后方延伸的棘刺。后端的棘刺接近身体的长度,令人联想到现在的中华鲎。有一段时间中华鲎被认为是三叶虫的后代,但现在这个观点已经被否定。

数据	
分类	褶颊虫目
年代	寒武纪晚期
产地	美国犹他州
体长	20毫米左右

【布里斯托虫】

| *Bristolia insolens* |

这个品种与小油栉虫一样，属于莱得利基虫目，是最早的三叶虫之一。头部两侧长出长长的颊棘是其显著特征。莱得利基虫目普遍分布于世界各地，但这个品种只产于澳大利亚袋鼠岛的鸸鹋湾，是极其稀有的三叶虫。

数据			
分类	莱得利基虫目	产地	澳大利亚袋鼠岛
年代	寒武纪早期	体长	100毫米左右

杰出人物

描绘了众多三叶虫的精致之美

地质学家、古生物学家
约阿希姆·巴兰德
(1799－1883)

巴兰德出生于法国。随着波旁王朝在 1830 年法国七月革命之后的瓦解，巴兰德也流亡到英国、捷克。移居到布拉格之后，波西米亚地区的地层的化石引起了巴兰德的兴趣。他花了 10 年时间进行研究，收集了 3500 多块三叶虫和软体动物的化石。1852 年，他的著作《波西米亚的志留纪地层》出版了第一卷，一直到 1881 年，一共出版了 21 卷。书中所画的数量众多的三叶虫的精美素描成为了之后研究者们手中宝贵的文献资料。

《波西米亚的志留纪地层》的第 1 页

【金氏厄拉夏虫】

| *Elrathia kingii* |

因为出土频率高，所以流通数量多，能够以最实惠的价格买到。这种三叶虫的特征是中叶狭长，侧叶较宽。假设侧叶内面是与这种三叶虫的呼吸相关的区域，那我们可以认为这样的生理特征有利于三叶虫在寒武纪缺少氧气的海底环境中生存。

数据	
分类	褶颊虫目
年代	寒武纪中期
产地	美国犹他州
体长	30毫米左右

【多棘刺的三叶虫】

| *Kingaspis sp.* |

大多数情况下，三叶虫的棘刺都向身体后方延伸，但这个品种头部与胸部的棘刺向前方延伸。有观点认为这是针对大型捕食者的武装，但真实原因还未探明。多棘刺的三叶虫繁盛是 1 亿多年过后的泥盆纪之后的事情。在寒武纪，多棘刺的三叶虫非常少见。

数据			
分类	纵棒头虫目	产地	摩洛哥阿勒尼夫
年代	寒武纪中期	体长	440毫米左右

【莫特卡虫】

| *Modocia typicalis* |

虽然外骨骼没有奇特的棘刺这样的特征，但越接近尾部，胸节侧叶两边的棘刺就会越长，并且方向越往后偏，但最后端没有棘刺。可能这种细微、精妙的形态能让人感觉到三叶虫身体结构的完成度之高，所以收藏这个品种的人很多。

数据			
分类	纵棒头虫目	产地	美国犹他州
年代	寒武纪中期	体长	50毫米左右

首屈一指的名山展现的水墨风景画

黄山

位于中国安徽省，1990 年被列入《世界遗产名录》。

由 77 座海拔超过 1000 米的群山组成的黄山是拥有怪石、奇松、云海、温泉等自然绝妙景致的中国首屈一指的名山。包含 5 亿 7000 万年前岩石的花岗岩层在 1 亿年前隆起，在 80 万年前开始的冰期中，岩层又被冰川截断，于是才有了黄山。雾锁群峰的景观十分神秘，甚至诞生了有神仙居住的传说。

黄山四绝

怪石

这是黄山的代表性怪石之一，高约 12 米的"飞来石"，它的样子仿佛是岩石从天而降，插入地中。

奇松

"迎客松"的名字来源于它神似张开双手迎接客人的姿态。这些形态奇特的松树都是黄山的特有种类。

云海

笼罩群峰的云雾是来自东海的潮湿空气碰到绝壁，冷却后形成的。

温泉

黄山南部有自唐代起就闻名遐迩的黄山温泉，42 摄氏度上下的温泉每小时有 48 吨左右的喷涌量。

深山幽谷中神秘的黄山美景

据说黄山在一年之中大约有 250 天被云雾笼罩。这座被称为"云雾之乡"的名山不但被画进水墨画中，还成为有神仙传说的信仰对象，同时被列入世界自然遗产与世界文化遗产。

百慕大三角

连舰艇、飞机编队都离奇消失的神秘海域

发生了多起船舶、飞机突然失去联系，连残骸都没找到的遇难事故。从时空扭曲说到最新的甲烷说，探究百慕大三角这片令人恐惧的海域的谜团。

"仪器异常。完全不知道飞行在什么地方啊。"

"怎么了？向西飞。西。"

"啊，所有东西都很奇怪。连方向也无法辨别！"

"方向也无法辨别？"

这是下午 3 点 45 分，率领 5 架美国海军鱼雷轰炸机飞行的泰勒队长等人与基地的管制员之间的对话，情况非常紧急。无线电的通讯状态越来越糟糕，最终通讯完全中断……

1945 年 12 月 5 日，为了飞行训练从美国佛罗里达州劳德代尔堡海军航空基地起飞的"19 号机队"共计 14 人在晚上 7 点 04 分失踪了。每架飞机上都装有自动充气式救生艇。如果飞机降落在海面上，机上人员应该是能得救的。

几分钟后，接到管制塔发出的求救请求的马丁水手号水上飞机起飞了。然而，这架马丁水手号水上飞机起飞后不到 30 分钟也突然失去联系。

接着，除了空军飞机外，海上还增派了迈阿密海岸警卫队的水上舰艇、海军舰艇，连夜开展搜救行动。但是，没有找到任何线索。第二天展开的大范围搜索甚至连 6 架机体的残骸、漏油等漂浮物都没有发现。直到现在，依然没有半点痕迹，他们消失了。

三角海域中发生了多次谜团般的遇难事件

"百慕大三角"是一块由佛罗里达半岛的南端、大西洋的波多黎各和百慕大群岛形成的三角形海域。这块海域之所以有名，是因为 1974 年出版的《百慕大三角》。

作者查尔斯·伯利兹在书中介绍了以"19 号机队"的失踪为代表的多起事件，将三角海域称为"消亡事件"的多发区域。这本书畅销全球。

19 世纪以来，有 50 多艘船舶、飞机，或者船员、机组人员离奇失踪。

比如 1918 年 3 月，美国舰艇独眼巨

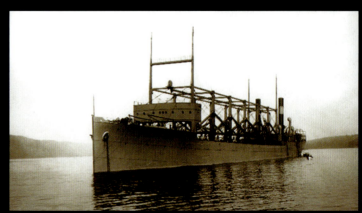

突然失去联系的独眼巨人号。曾经作为煤船在海上航行，也有观点认为船只遇到恶劣天气而沉没，但真相依然无法探知

这是与消失的"19号机队"同个型号的鱼雷轰炸机。太平洋战争结束后，在终于迎来和平的年份里，发生了无法解释的事故，这件事一下子成了大新闻。包括航空母舰在内的舰艇，超过300架飞机参与了搜救行动

在帆船时代被称作"船的墓地"，令人恐惧的马尾藻海就位于百慕大群岛附近。大量生长的浮游性海藻马尾藻会阻挡船只的航行，因为海流的关系，经常出现无风的天气

人号在从巴西的巴伊亚州前往美国巴尔的摩的途中，在这片海域上失踪，至今下落不明。三百多位船员没有一人生还，也没有发现漂流物。

百慕大三角——很多离奇事件其实是发生在比三角区域更大的梯形海域。这片海域中到底潜藏着什么力量呢？

消亡的真相是
海底的可燃冰吗？

"肯定是遇到 UFO 后被带走了。"

"不，这片区域会发生时空扭曲，他们是迷失在异次元了。"

有不少人从未知力量的角度解释消亡的原因。

其实这片海域本来就以飓风、浓雾、龙卷风多发、天气容易剧变而出名。而且，

这里还有强劲的墨西哥湾暖流。站在科学角度解释的人认为事件的原因是自然现象以及人为操作失误等。

关于"19号机队"事件，仔细调查当时的记录，可以发现他们起飞离开基地时确实是适合飞行的好天气，但之后天气情况急剧恶化。有观点认为在天气恶化的情况下，机械故障、队长的判断失误导致了遇难事件。而前往救助的马丁水手号水上飞机在之前也发生多次燃料泄漏的情况。有人推测这次飞机也发生了燃料泄漏的情况，继而引发了爆炸。还有目击者的证词。

不过，现在有一种解释神秘海域真相的观点引起了世人的关注。那就是甲烷说。这里的甲烷指的是冰冷的海底里冰糕状的甲烷水合物，也被称作可燃冰。

百慕大三角海底的甲烷受到海底火山喷

发等的影响，瞬间产生大量甲烷气泡，使船只失去浮力而沉没。在空中的飞机被认为由于发动机吸入甲烷，引发不完全燃烧，飞机失去升力，导致坠落。但这个观点存在软肋——全球的海洋中都分布着甲烷。

总之，无论墨西哥湾暖流如何强劲，连一片残骸都找不到的情况毕竟还是难以解释的。谜团依然没有解开。

Q 为什么澄江动物群的化石是立体的？

A 加拿大布尔吉斯页岩层被认为是海中的崖壁倒塌，生物瞬间被掩埋所形成的。因此，布尔吉斯生物群的化石基本上都是"压扁"的，呈平面的状态。而中国的澄江动物群，昆明鱼、始虫等化石保存状态非常好，而且有很多立体的化石，这可以说是澄江动物群化石的特征。澄江和布尔吉斯页岩层之所以能留下优质状态的化石，有观点认为是暴风雨把大量泥沙带到陆地上，又或者是泥沙从浅滩冲入，流入深处的大量细颗粒泥沙在一瞬间将生物群活埋。特别是澄江，之所以能留下立体的化石，有人认为原因是包含化石的地层没有被挤进地下，没有受到巨大的压力。

Q 头脑聪明程度与脑容量成正比吗？

A 脑容量与头脑聪明程度没有直接关系。人的平均脑容量是1300～1400毫升。实际比较一下伟人的脑容量会更加直观。19世纪的俄罗斯文学家伊万·屠格涅夫的脑容量大约是2000毫升，被称为近代哲学巨人的伊曼努尔·康德的脑容量大约是1650毫升。像这样，确实存在伟人的脑容量比平均容量大的例子，但阿尔伯特·爱因斯坦的脑容量约为1230毫升，这个例子非常有名。关于影响头脑聪明程度的因素，存在各种说法，但研究者认为最重要的是脑部神经细胞的数量与神经细胞之间的神经网络是如何形成的。此外，研究者还认为无论是人类的脑还是昆虫的脑，单个脑神经细胞在机能上没有太多优劣之分。

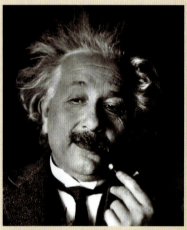

拍摄于1930年的阿尔伯特·爱因斯坦。爱因斯坦去世后，他的脑部在没有征得家属同意的情况下被摘出，并被很多学者研究。现在，留下的部分已经归还给他的家属

Q 现在的地球上有三叶虫的后代吗？

A 因为外形的相似，有人认为中华鲎是三叶虫的后代。中华鲎的祖先是早期节肢动物。而三叶虫被认为是由包括早期节肢动物在内的不具备碳酸钙外骨骼的板状伪足型节肢动物的近亲物种进化而来的。虽然三叶虫、中华鲎都属于节肢动物，但因为祖先不一样，所以两者是没有直接关系的生物。三叶虫作为独自的种群诞生，后又灭亡，现在的地球上没有三叶虫的后代。

中华鲎。主要生活在日本、印度尼西亚、菲律宾、中国的沿海地区。从在古生代诞生以来，它的外形基本没有变化，所以也被称为『活化石』

Q 除了布尔吉斯与澄江之外，寒武纪的化石还有哪些出土地？

A 全球各地都有寒武纪的地层。但是如果限定为出土寒武纪化石的地区，那全世界将近20个。

地区	年代	出土的主要化石
瑞典南部	中期	微小有壳化石群
瑞典厄兰岛	中期	三叶虫、腕足动物
瑞典欣讷山	晚期	1毫米以下的甲壳生物幼体等的立体化石
美国犹他州	中期	三叶虫、奇虾等的保存状态很好
美国内华达州	早期到晚期	三叶虫、加拿大虫、奇虾等的保存状态很好
英国威尔士	早期	1毫米以下的甲壳生物的近亲的立体化石
英国威尔士	中期	三叶虫
澳大利亚伊谬湾	早期	三叶虫、奇虾等的保存状态很好
澳大利亚北领地	中期到晚期	1毫米以下的甲壳生物的近亲的立体化石
俄罗斯西伯利亚	中期到晚期	1毫米以下的甲壳生物的近亲的立体化石
摩洛哥	早期到中期	三叶虫
捷克	中期	三叶虫
格陵兰西里斯帕特	早期	哈氏虫、奇虾等的保存状态很好
哈萨克斯坦	中期到晚期	三叶虫
波兰	晚期	1毫米以下的甲壳生物的近亲的立体化石
韩国	晚期	三叶虫

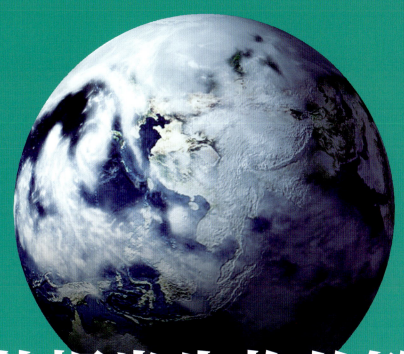

鹦鹉螺类生物的繁荣

4亿8540万年前—4亿4340万年前
［古生代］

古生代是指5亿4100万年前－2亿5217万年前的时代。这时地球上开始出现大型动物，鱼类繁盛，动植物纷纷向陆地进军。这是一个生物迅速演化的时代。

第69页　图片 /PPS

第71页　图片 /PPS

第72页　插画 / 月本佳代美

第73页　插画 / 斋藤志乃

第74页　图片 / 日本国立科学博物馆

第75页　插画 / 木下真一郎
　　　　插画 / 斋藤志乃

第76页　插画 / 科罗拉多高原地理系统公司
　　　　图片 / 法国国家自然科学博物馆 / 中央图书馆 /AMF/ 阿玛纳图片社

第77页　本页图片均由 PPS 提供

第78页　插画 / 木下真一郎

第79页　图片 / 足立奈津子

第81页　图片 /PPS
　　　　插画 / 斋藤志乃

第82页　插画 / 斋藤志乃
　　　　图片 /PPS

第83页　图片 / 酒井治孝
　　　　图片 /PPS
　　　　图片 / 日本海洋科技中心

第85页　插画 / 月本佳代美

第86页　插画 / 斋藤志乃
　　　　图片 / 日本国立科学博物馆
　　　　图片 / 日本佐川町立佐川地质博物馆

第87页　插画 / 斋藤志乃
　　　　图片 /PPS

第88页　图片 / 鸟羽水族馆
　　　　图片 / 日本国立科学博物馆
　　　　图片 /PPS

第89页　图片 / 由加拿大皇家安大略博物馆和加拿大公园管理局授权 © 皇家安大略博物馆
　　　　图片 / 鸟羽水族馆

第90页　图片 /PPS
　　　　插画 / 木下真一郎

第91页　图片 / 日本国立科学博物馆
　　　　图片 / 鸟羽水族馆
　　　　插画 / 斋藤志乃

第92页　插画 / 斋藤志乃
　　　　本页图片均由日本国立科学博物馆提供

第93页　本页图片均由 PPS 和日本国立科学博物馆提供

第94页　本页图片均由 Alfo 提供

第95页　图片 /Alfo

第96页　本页图片均由 PPS 提供

第98页　本页图片均由 PPS 提供

—顾问寄语—

鸣门教育大学研究生院副教授 足立奈津子

奥陶纪发生了地球历史上最大的生物大辐射事件。

这次事件不仅使生物种类得到增加，也给生态系统带来了巨大的改变。

奥陶纪的海洋中，诞生了最强大的捕食者——鹦鹉螺类生物以及珊瑚、苔藓虫等多种骨骼生物聚集其中的"生物礁"，

让我们一起来看一下奥陶纪海洋的面貌吧。

留在山体表面的 海洋记忆

有一个延续了4200万年的地层，却在很长一段时间里没有被发现。19世纪后半叶，终于有一位学者发现了这个地层，将其命名为"奥陶纪"。在这个时代，生物的多样化进一步发展，出现了刺胞动物珊瑚和拥有游动能力的巨大软体动物，是一个充满生命力的海洋时代。

南非的桌山

位于南非南部开普敦的桌山国家公园。桌山由
4亿8540万年前—4亿4340万年前奥陶纪的
硅质砂岩构成。这个区域植被多样化，也是世
界遗产弗洛勒尔角的一部分。

讴歌"春天"的生物

奥陶纪的上一个时代是各类生物大爆发的寒武纪。而在奥陶纪，生物们缓步进化，朝着多样化的方向发展。得益于温暖的气候，珊瑚生长势头迅猛，对于生活在养分丰富的海中的动物们来说，奥陶纪正可谓"繁盛的春天"。动物的种类增加，生态系统的排位也会发生变化。鹦鹉螺类生物取代了寒武纪令所有生物生畏的最强捕食者——奇虾，站在了奥陶纪生态系统的顶端。直到现在，改变了面貌的鹦鹉螺类生物依然存活在地球上。

海百合

鹦鹉螺类生物

广翅鲎

三叶虫

礁的形成

骨骼生物的增加拉开了新造礁时代的序幕

地球上，生物的灭绝与繁盛轮番上演。延续了5560万年的寒武纪结束后，一个新时代拉开了序幕，这就是奥陶纪。新生物的诞生造就了海洋世界的重组，海中的面貌发生了剧变。

海底的构造改变了

奥陶纪时期，除了晚期之外，地球上的气候基本上是温暖的。当时的海平面高度比现在要高出100多米，大陆的周边被浅滩的海水包围。在太阳光照充分的温暖海洋中，拥有骨骼的生物们逐渐开始扩大势力范围。

这里的骨骼不是指像脊椎动物那种长在体内的骨骼，而是身体表面或者其中一部分上生长的像壳一样的组织。奥陶纪的骨骼生物有珊瑚、海百合、苔藓虫、海绵等。珊瑚也被称为"海中的植物"，直到现在人们也很难把它和动物联系起来，但珊瑚是货真价实的刺胞动物，坚硬的部分是石灰质组织（骨骼）。

随着骨骼生物的增加，海中的面貌发生了巨大的变化。骨骼生物开始不断地组成"礁"。礁指的是具有固着性的生物在生长堆积的过程中形成的地形突起。在一直以来平板单调的海底世界，礁这种立体构造开始繁盛起来。

链珊瑚

Halysites sp.

链珊瑚的化石，床板珊瑚的一种。生存于奥陶纪中期至志留纪。这是奥陶纪晚期的链珊瑚，发现于瑞典。

由包括珊瑚在内的骨骼生物形成的礁的想象图

清澈而温暖的浅海中，礁连成一片。从奥陶纪中期到晚期，以珊瑚为代表，拥有骨骼且能形成群体的造礁生物增加，使得海洋中形成大片的礁。

◻ **珊瑚的构造**

在已发现的奥陶纪珊瑚中，能形成礁的是床板珊瑚。这种珊瑚已经灭绝，现在只能通过化石看到。但科学家认为床板珊瑚的生态与现在的珊瑚品种基本没有区别，所以，我们以现在的石珊瑚为例，来看一下它的构造。长有像海葵一样蠕动的触手的珊瑚虫是构成珊瑚的基本单位，珊瑚虫拥有石灰质的骨骼。它们会通过分裂等方式增加数量，以此形成复杂的群体。形成礁的珊瑚中，大部分都是具有固着性的群体珊瑚。

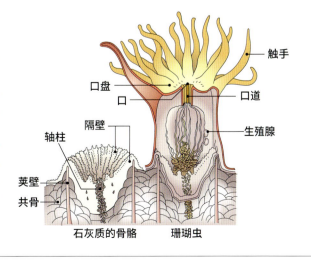

触手
口盘
口
口道
生殖腺
隔壁
轴柱
荚壁
共骨
石灰质的骨骼　珊瑚虫

礁指的是生物堆积形成的隆起哦。

现在
我们知道！

礁的转变

从微生物礁到骨骼生物

主要的大陆都被浅海包围着

左边是大约4亿7000万年前的奥陶纪大陆位置图。这个时代的大陆主要有劳伦古陆、西伯利亚古陆、波罗地古陆和冈瓦纳古陆。大陆基本集中在南半球，大陆周边都是底部平坦的浅海地区。另一方面，北半球的大部分被泛大洋覆盖。科学家认为靠近赤道的劳伦古陆与西伯利亚古陆周边的海中形成了大片的礁。

（图中标注）华南板块　澳大利亚　西伯利亚古陆　泛大洋　赤道　劳伦古陆　波罗地古陆　巨神海　北美　非洲　冈瓦纳古陆

黄色文字为当时的大陆名称，红色文字为当时的大陆所对应的现在的地名

形成礁的生物称作造礁生物。以珊瑚为例，像壳一样坚硬的组织是骨骼，由碳酸钙构成。骨骼可以稳定地固着在岩石等基底之上，成为礁的基础和原材料。接着，珊瑚虫的分裂、出芽会催生出各种形态的群体，因此，礁具有各式各样的构造。

虽然寒武纪也有礁，但不是由造礁生物建造的，完全是另一种东西。那个时期的礁是由构成叠层石[注1]的蓝藻等微生物形成的。这种类型的礁是由微生物的群集不断硬化，逐渐向上生长而成的，呈现隆起的形状。

在养分丰富的海中，造礁骨骼生物逐渐增多

进入奥陶纪之后，微生物礁继续存在了一段时间，但随着时代的推移，造礁生物逐渐占据优势。从奥陶纪中期开始，苔藓虫、海百合、层孔虫、珊瑚等骨骼生物取代了微生物的作用。苔藓虫属于外肛动物门，像珊瑚一样的碳酸钙外壁形成了各种形态的礁的群体。海百合属于棘皮动物[注2]，拥有石灰质的骨片，海绵动物的层孔虫也有石灰质的骨骼。

形成礁的骨骼生物数量增长的原因是什么呢？研究认为可能有以下几个原因。

一个原因是生态系统的重要变化。形成礁的骨骼生物数量增加可以理解为有足够的食物来支撑这种增长。骨骼生物吃的是浮游生物[注3]、有机物微粒等。

奥陶纪时代，陆地上有大规模的火山活动和地壳运动，给海洋带去了很多营养盐。浮游植物吸收这些营养盐的养分，其数量增长，致使以浮游植物为食的浮游动物的数量也增长。接着，摄入丰富浮游生物的骨骼生物的数量也发生增长，并朝着多样化的方向进化。

骨骼生物的数量增长与海水的温度也有关系。研究认为奥陶纪早期海洋的温度有40摄氏度左右。这样的环境下，微生物礁有形成的可能性，但这并不是珊瑚、层孔虫等骨骼生物可以生长的环境。不过，之后海水的温度逐渐下降，降到了28～32摄氏度，这样的状态一直持续到奥陶纪晚期。有利的环境长时间保持稳定也是骨骼生物增长的原因。

杰出人物

奥陶纪的命名人

19世纪，围绕英国威尔士地区的某块地层是属于志留纪还是寒武纪，学术界发生了激烈的争论。查尔斯·拉普沃思以笔石等化石的研究为基础，于1879年提出了将志留纪与寒武纪之间的地层确立为一个新地质年代的观点。因为威尔士北部的古代部落叫作奥陶维斯，因此查尔斯·拉普沃思将这个新地质年代命名为奥陶纪。

地质学家
查尔斯·拉普沃思
（1842—1920）

别看珊瑚看起来不动，其实它们相当活跃哦。

红海之中

位于非洲大陆与阿拉伯半岛之间的红海、巴布亚新几内亚的金贝湾等地区，水温在高的时候可以超过 30 摄氏度。虽然奥陶纪的珊瑚已经灭绝了，但是当时形成礁的海洋环境可能就是这样的。

科学笔记

【叠层石】 第76页 注1

由蓝藻等微生物的活动而形成的，内部为层状组织的岩石。现在已知的最古老的叠层石约形成于27亿年前。澳大利亚的鲨鱼湾可以看到现代的叠层石。

【棘皮动物】 第76页 注2

棘皮动物门所属生物的总称。现代生物有海百合(海百合纲)、海胆(海胆纲)、海星(海星纲)、蛇尾(蛇尾纲)、海参(海参纲)等，都属于该门。这些生物基本是五辐射对称的结构。

【浮游生物】 第76页 注3

漂浮在水中的生物，根据汲取养分方式的不同，分为浮游植物与浮游动物。进行光合作用的是浮游植物，摄取食物的是浮游动物。浮游动物捕食浮游植物。

在礁的复杂构造体上聚集了多种多样的生物

与微生物形成的礁相比，骨骼生物形成的礁要立体得多。不仅有凹凸、有枝干的形状，还有缝隙与小洞，构造非常复杂。因此，对于某些动物来说，礁成了良好的栖息地，对于另外一些动物来说，礁是它们躲避敌人时绝佳的藏身之处。也就是说，骨骼生物形成的礁为多种多样的动物提供了各式各样的生存环境。

因此，生存于礁的内部、外部的动物之间也产生了栖息地隔离、营养循环等新的相互关系。就像这样，奥陶纪的海洋中开始迸发出绚烂的生命色彩。

地球 进行 时 ！

珊瑚礁面临的各种危机

造礁珊瑚最大的敌人是棘冠海星。如果出现大量棘冠海星，珊瑚将遭受灭顶之灾。此外，对于偏好清澈澄净海水的造礁珊瑚来说，森林砍伐、农田改造导致褐土流入海洋，温室效应水温上升导致的珊瑚白化现象都是不能忽视的问题。

覆盖在珊瑚上的棘冠海星

随手词典

【营养盐】
指的是生物生存必不可少的盐类。浮游植物摄取的是氮、磷、硅等与其他物质相结合后溶于水的无机盐。

【珊瑚虫】
构成珊瑚的基本单位，也叫作个虫。所有珊瑚的身体都是以一个或者两个以上的珊瑚虫为基础形成的。它们像海葵一样固着在基底等地方，伸展触手。

【初级生产者】
也叫作基础生产者，是指通过光合作用将无机物转化为有机物的生物。它们是食物链的基础，在海洋生态系统中，处于这个位置的是浮游植物。

浮游植物增加

被带入海中的大量营养盐促进了浮游植物的增加。以浮游植物为食的浮游动物、造礁骨骼生物也增多了。

活跃的火山活动

剧烈的火山活动与造山运动不仅造成了气候上的变化，还给海洋环境带来了影响。因为这些活动，海洋获得了大量的营养盐。

增殖发展成群体

造礁珊瑚的群体形态各异。根据珊瑚虫不同的排列方式和增长模式，有些珊瑚群体呈现枝干的形状，也有一些呈块状。

幼体固着在基底 → 在身体周围形成骨骼，成长为珊瑚虫

增殖发展成群体

苔藓虫

海百合

2. 礁基形成

海百合、苔藓虫开始固着在堆积物的表面。这种稳固基底的作用被叫作"礁基形成作用"。这种作用是礁的成长过程中必不可少的一环。

珊瑚

奥陶纪
中·晚期

3. 长满骨骼生物的礁

礁的构造变得非常复杂。不仅是礁的内部，动物们也在礁的周边由腕足动物、海百合的碎片等所形成的堆积物上挖洞活动。就这样，礁成为生物多样化的一个场所。

珊瑚

层孔虫

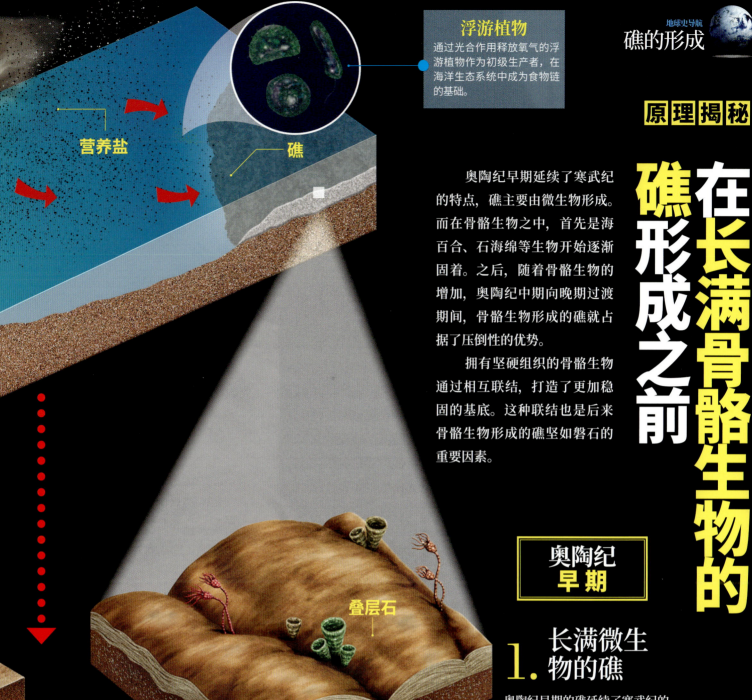

浮游植物
通过光合作用释放氧气的浮游植物作为初级生产者，在海洋生态系统中成为食物链的基础。

营养盐

礁

叠层石

原理揭秘

在长满骨骼生物的礁形成之前

奥陶纪早期延续了寒武纪的特点，礁主要由微生物形成。而在骨骼生物之中，首先是海百合、石海绵等生物开始逐渐固着。之后，随着骨骼生物的增加，奥陶纪中期向晚期过渡期间，骨骼生物形成的礁就占据了压倒性的优势。

拥有坚硬组织的骨骼生物通过相互联结，打造了更加稳固的基底。这种联结也是后来骨骼生物形成的礁坚如磐石的重要因素。

奥陶纪早期

1. 长满微生物的礁

奥陶纪早期的礁延续了寒武纪的特点，蓝藻等微生物是形成礁的主体。这个时候，逐渐出现了海百合、石海绵等骨骼生物。

新闻聚焦

骨骼生物的礁最早从华南板块开始形成

日本鸣门教育大学的足立奈津子副教授与大阪市立大学的江崎洋一教授、中国北京大学的刘建波教授等人于2011年提出，长满微生物的礁向长满骨骼生物的礁转变是从华南板块开始的。在微生物礁占据优势的奥陶纪早期，位于现在的中国湖北省这个位置的海域中开始形成苔藓虫的礁。这块化石是最古老的苔藓虫礁化石。

苔藓虫礁

苔藓虫
苔藓虫
苔藓虫
苔藓虫
海绵

奥陶纪的生物多样化

生物在全新的舞台上发生了重组

奥陶纪的事件不只有礁的形成。生物多样性迅猛发展的奥陶纪生物大辐射事件更值得关注。

生物慢慢地多样化

寒武纪发生了所有现生动物的"门"突然全部出现的"寒武纪大爆发"。在接下去的奥陶纪也发生了对于生物来说值得大书特书的事件——奥陶纪生物大辐射。"辐射"是广泛扩散的意思,这里的"辐射"指的是同类生物适应各种不同的环境,发展出多样性的"适应性辐射",与"多样化"的意义相同。

在持续4200万年的奥陶纪当中,这个多样化进程历时大约4000万年。寒武纪的多样化进程历时大约2000万年,所以叫"爆发"。相比起来,奥陶纪的多样化进程则显得比较缓慢。

此外,寒武纪增加的是分类阶层中的大类——"门"的数量,而奥陶纪增长的则是小类——"目""科""属"的数量。特别是"属"的数量,被认为增长了4倍,共发展出4500个属。其中,腕足动物、棘皮动物、双壳类软体动物的增长特别显著。

从化石的记录中可以发现,奥陶纪不光是生物的种类增加了,在个体的大小方面,也出现了大型生物。比如被认为是寒武纪最大的动物的奇虾,最大体长大约是2米,但奥陶纪出现了接近10米的鹦鹉螺类生物。大型动物的出现,意味着有足够多的食物来维持它们生存。奥陶纪的海洋栖息着数量众多的各类生物,是充满着绚烂生命活动的多彩世界。

多样化的意思呢,就是在同一类生物中多了很多"亲戚"哦。

种类多样的生物化石

在奥陶纪地层发现的多种生物化石。这些生物可能是在死后被冲到同一个地方的。一次性发现数量和种类如此繁多的生物化石，证明了各种生物生存于同一时期。

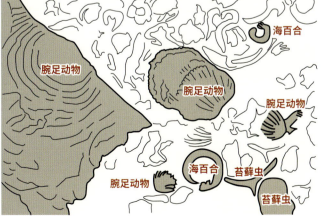

⬜ 奥陶纪发展出多样性的生物 1

奥陶纪的多样化发生在"科""属"的级别，这意味着同一类生物能够进化出很多细节性的差异。

海百合
虽然有看起来像是花瓣和茎的部位，但海百合不是植物，与海胆、海星一样，属于棘皮动物。

苔藓虫
出现于奥陶纪。具有碳酸钙骨骼与柔软的身体，形成群体。

腕足动物
尽管外形酷似双壳动物，但其实是腕足动物门。虽然两枚壳瓣在大小与形状上有所不同，但每瓣壳从正面看都是左右对称的。

奥陶纪的生物多样化

为什么会发生生物大辐射事件呢

其中一个原因被认为是骨骼生物礁的形成。骨骼生物形成的礁是一种复杂的构造体，为多种生物创造了舒适的生存环境。这一点促进了多样化。

当然，礁的增加肯定不是唯一的原因。这个时代的生物多样化被认为是地质学、生物学作用连锁反应的结果。

首先是大陆的排布。在此之前，大陆不断地重复聚集与分裂的过程。超级大陆[注1]的形成期，生物多样化程度较低，而分散期生物多样化程度则较高，这个观点被普遍接受。奥陶纪处于大陆的分裂离散期，分散的大陆占据了大部分赤道地区。对于生物的繁盛与多样化来说，这一点也被认为是有利的条件。

支撑食物链的初级生产者的增加

生物间关系的变化也被认为是

一个原因。寒武纪晚期结束后，海洋中浮游植物的数量增长。究其原因，火山活动、造山运动为海洋带来了营养盐，奥陶纪的海平面较高，源于大陆分裂的大陆架[注2]扩大化使得浮游植物的生存场所增加，这些因素与浮游植物的数量增长都有关系。

研究认为，浮游植物的增长带动了浮游动物的增长，以浮游植物为

食的苔藓虫、珊瑚、棘皮动物、腕足动物，乃至捕食者鹦鹉螺类的数量也得到增加，并且发展出多样性。这些以浮游生物为食的动物叫作悬浮物吞食动物[注3]和滤食性动物[注4]。

气候的变化也不能忽视。一般认为，奥陶纪整体较温暖，大气中的二氧化碳浓度极高。此外，从寒武纪晚期到奥陶纪早期，热带地区的海

"属"阶层的增减

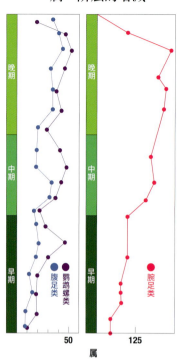

	腹足类 鹦鹉螺类	腕足类
晚期		
中期		
早期		

50　　125
属

发展出多样性的生物分类图

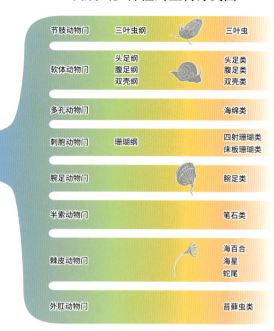

节肢动物门	三叶虫纲	三叶虫
软体动物门	头足纲 腹足纲 双壳纲	头足类 腹足类 双壳类
多孔动物门		海绵类
刺胞动物门	珊瑚纲	四射珊瑚类 床板珊瑚类
腕足动物门		腕足类
半索动物门		笔石类
棘皮动物门		海百合 海星 蛇尾
外肛动物门		苔藓虫类

◯ 用 4000 万年时间，在细分阶层上发展出多样性

右边是奥陶纪"科""属"大幅增加的生物的分类图。外肛动物门的苔藓虫类是在进入奥陶纪之后才出现的。左边以几种生物为例，展示了"属"这个阶层在整个奥陶纪中是如何增减的。鹦鹉螺类、腕足类、腹足类在晚期迎来了多样化的巅峰。

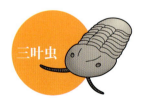

三叶虫

以动物尸骸为食的食腐动物，奥陶纪时代出现能将身体蜷起来的品种。

头足类

与腹足类一样，属于软体动物门，现代的乌贼、章鱼、鹦鹉螺与之属于同一类。

腹足类

与螺同类，是软体动物门中多样性最显著的一个类别。

◯ 奥陶纪发展出多样性的生物 2

在呈现多样性的生物当中，经常有化石被发现。除了前一页中介绍过的海百合、苔藓虫类、腕足类之外，还有软体动物门的腹足类与头足类、节肢动物门的三叶虫与广翅鲎以及半索动物门的笔石类。笔石类形成群体，固着在海底生活或进行浮游。三叶虫在奥陶纪晚期迎来多样化的巅峰，出现了形态更加立体的品种。

水温度有 40 摄氏度左右，但奥陶纪中期降低到 28～32 摄氏度。这个时期与生物多样化的巅峰时期是重叠的。虽然对海水温度还需要进行更多的研究，但原本较高的海水温度发生降温，形成有利于各种生物生存的环境，这一点也与生物的多样化息息相关。

呈现多样性的生物开始产生栖息地隔离

在各种礁之中，腕足类、腹足类、三叶虫等动物倾向于在海百合簇生的地点附近活动。海百合的支撑体看起来像是植物茎部，牢固且柔软。大海中，海百合就像迎风摆动的棕榈科植物一样，能根据潮流前后左右摇摆，有缓和潮流的效果。在礁周边的海底，苔藓虫类固着在死掉的动物的壳中，节肢动物门中长有强大螯肢的广翅鲎偷偷潜伏着准备捕食猎物。另外，海底生物上方还有犹如飞行一般缓慢游动的鹦鹉螺类生物。在生物多样化的奥陶纪海洋中，各种故事不断上演。

珠穆朗玛峰顶部出土的海百合化石

世界屋脊——珠穆朗玛峰的上部曾经是海底。在靠近顶部被称作"珠穆朗玛组"的地层发现了奥陶纪（约 4 亿 6000 万年前）的海百合、三叶虫化石。这是显微镜照片，右下角海百合片的长度大约是 2 毫米。

三叶虫
海百合

科学笔记

【超级大陆】 第82页注1
指大陆聚集于一处形成的巨大大陆。研究认为在大约 2 亿 5000 万年前的三叠纪，曾经存在名为"泛大陆"的超级大陆。

【大陆架】 第82页注2
与大陆、岛屿相连接的海底板块从海岸线向外海平缓地倾斜，大陆架指的就是海底坡度明显变陡之前的部分。

【悬浮物吞食动物】 第82页注3
悬浮物指的是浮游生物、死亡动物分解而成的有机物等浮游于海洋中的物质。用触手收集、吞食这些物质的动物就是悬浮物吞食动物。奥陶纪时有珊瑚类、海百合、苔藓虫等。

【滤食性动物】 第82页注4
通过纤毛的动作收集、过滤、吞食海中浮游营养物的动物。奥陶纪时有双壳生物、海绵类等。

地球进行时！

一直存活到现在的海百合

古生代繁盛一时的海百合，其中大多数种类在二叠纪（2 亿 9890 万年前—2 亿 5217 万年前）晚期的生物灭绝事件中消亡了。不过，活下来的少数后代现在依然存活。现代的海百合基本生活在深海，有的生活在水深超过 9000 米的海底。研究认为海百合是在大约 1 亿年前离开浅海的，原因可能是为了躲避新出现的捕食者。

在小笠原群岛的海形海山海域 911.5 米深处拍摄到的海百合

对于生物们来说，这就是"春天"。

广翅鲎

出现于奥陶纪，部分种类长有强大的螯肢。大型种类可以长到 2 米。

笔石类

有分枝状、放射状等多种形态，是奥陶纪重要的标准化石。

鹦鹉螺类生物的繁荣

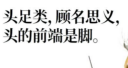

头足类，顾名思义，头的前端是脚。

奥陶纪最强大的捕食者 鹦鹉螺类生物的出现

就像在寒武纪站上食物链顶端的奇虾那样，奥陶纪也有夺得海洋霸权的动物。它就是鹦鹉螺类生物，这个物种一直延续，现在依然能看到。

诞生于寒武纪，在奥陶纪繁盛一时

鹦鹉螺类生物从圆锥形的壳中伸出好几只触手，一边摆动触手一边悠闲地游动。在遍布着各种生物的奥陶纪海洋中，鹦鹉螺类生物进化出在水中自由游动的能力，站上了捕食者的顶端。说到游动能力，鱼类也有，但那个时代的鱼类还是初期的原始形态，数量也较少，与鹦鹉螺类生物相比，远远处于劣势。

鹦鹉螺类生物属于软体动物门中的头足纲。"头足"这个名字来源于这类生物从壳中伸出来的头部前端长有脚的身体结构。说到现代生物中的头足类，有鹦鹉螺、乌贼、章鱼等，而奥陶纪的鹦鹉螺类生物就是它们的祖先。现代的鹦鹉螺，壳是卷起来的，而当时的鹦鹉螺类生物，壳的主流是笔直的圆锥形，或者像犀牛角一样带点儿弯曲的类型，还有卷的角度较小或者只有一部分卷起来的类型。

鹦鹉螺类生物诞生在寒武纪快结束的时候。进入奥陶纪之后，鹦鹉螺类生物的种类开始增加，全盛期进化出了3500多个品种。让我们一起来探究一下鹦鹉螺类生物繁盛的秘密吧。

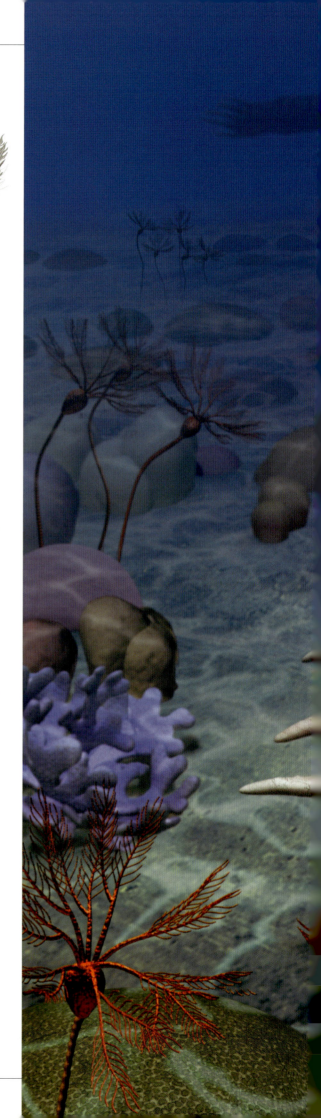

大型种类可以达到 10 米的鹦鹉螺类生物的想象图

奥陶纪的鹦鹉螺类生物就是像这样悠闲地在海洋中游动的吧。鹦鹉螺类生物之中，内角石目下的房角石中有体长接近 10 米的品种。

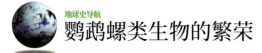

短棒角石
| *Plectronoceras*

初期的鹦鹉螺类生物。从这个时候开始，壳的内部就已经被隔成小的空间了。

现在我们知道！

依靠获得**浮力**的巨大身体，随意地在水中移动

头足类的进化图

虽然统称为鹦鹉螺类生物，但头足类有不同的亚纲、目，存在着多种类别的生物。菊石亚纲与乌贼、章鱼所属的蛸亚纲，研究认为它们的祖先是鹦鹉螺类生物中的直角石目演化出来的杆石类生物。

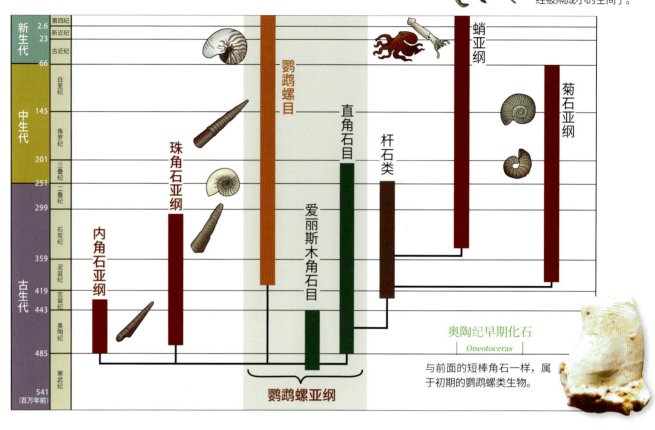

奥陶纪早期化石
| *Oneotoceras*

与前面的短棒角石一样，属于初期的鹦鹉螺类生物。

鹦鹉螺亚纲

出现于寒武纪晚期的最早的鹦鹉螺类生物，用现在的东西来形容，就像是盖笠螺身上长有像扁平的三角帽子般的壳。进入奥陶纪后，鹦鹉螺类生物逐渐进化出圆锥形的长壳。最终出现了壳长达 10 米的种类。

通过调节壳中的气体获得浮力

鹦鹉螺类生物拥有的优秀能力之中，最显著的就是壳的构造。由碳酸钙构成的壳，其内部从底端到前端分为数个"小房间"（室），里面基本上是空的，也就是空房间。鹦鹉螺类生物的身体（软体部分）的大部分位于底端的房间里——如果把壳的尖端作为上方，那身体所在的房间就是最下面的房间，这个部分称为住室，壳中其他相连的空房间称为气室。

鹦鹉螺类生物在气室中存放氮气，通过调节氮气的量获得浮力在水中游动。壳并不是用来防御外敌，而是一种浮力调节器官[注1]。这是其他动物所没有的一个很大的特征。

此外，身体的前端有由脚的一部分变化而来的肌肉型漏斗[注2]。通过这个漏斗，鹦鹉螺类生物可以将吸收的海水迅速地喷出。利用这种喷射[注3]推进系统，鹦鹉螺类生物能够迅速地游动。因为这个操作，

大部分情况下鹦鹉螺类生物都是往后方游动，但如果改变漏斗的朝向，也可以往前方游动。可以说，鹦鹉螺类生物所具备的浮游能力与自由游动能力为它们的繁荣做出了巨大贡献。

另外，鹦鹉螺类生物的口中有与现在的乌贼、章鱼类似的，叫作"头足类喙"的强大颚片[注4]与齿舌[注5]。识别猎物，使用触手捕捉，然后撕咬猎物。就连被坚硬甲壳包裹着的三叶虫，它们也能轻易地吃掉。

杰出人物

古生物学家
小林贞一
（1901—1996）

为古生代生物的研究做出了贡献

小林贞一是东京大学地史学、古生物学专业的教授，他对鹦鹉螺类生物也非常感兴趣，经常前往中国东北、朝鲜半岛考察化石。他发现了最古老的鹦鹉螺类生物短棒角石的化石，以此发表的论文引起极高的关注。小林发现的以短棒角石为代表的头足类及三叶虫化石收藏于东京大学综合研究博物馆。

站上食物链顶端的鹦鹉螺类生物

浮游动物吃初级生产者浮游植物，悬浮物吞食动物（滤食性动物）三叶虫、腕足类、棘皮动物、层孔虫吃浮游动物。鹦鹉螺类生物吃的是三叶虫以及其他动物。

浮游植物

鹦鹉螺类生物

浮游动物
（笔石、放射虫等）

悬浮物吞食动物
（滤食性动物）

（腕足类、层孔虫、苔藓虫、珊瑚、棘皮动物、三叶虫）

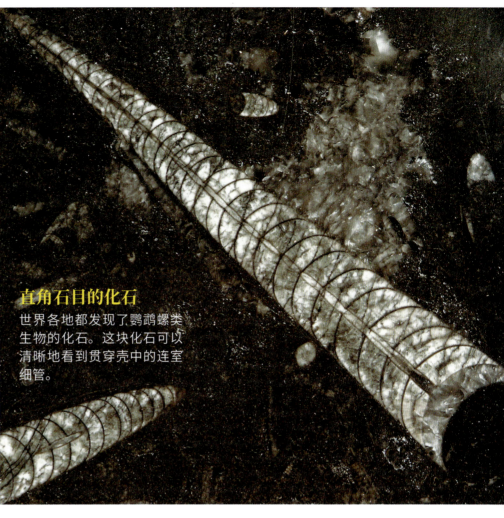

直角石目的化石

世界各地都发现了鹦鹉螺类生物的化石。这块化石可以清晰地看到贯穿壳中的连室细管。

科学笔记

【浮力调节器官】 第86页注1
动物体内用以获得浮力的器官。比如大家所熟悉的鱼类的鳔。也有用肺作为浮力调节器官的物种。

【漏斗】 第86页注2
漏斗本来是将液体、粉末等转移到小口容器中的道具。头足类的漏斗是由肌肉构成的，里面可以喷出水，帮助移动。

【喷射】 第86页注3
集中的细流体朝着一个方向流动。喷气发动机就是利用喷射的反作用力获得推力。

【颚片】 第86页注4
以头足类为代表的颚部。乌贼、章鱼喙上下各有一个，称为上颚、下颚。乌贼、章鱼的头足类喙周边的肌肉可以食用。

【齿舌】 第86页注5
软体动物特有的摄食器官。呈锉刀状，用来切割食物。

不擅长快速游动的大型鹦鹉螺类生物依靠强有力的颚片与齿舌也能满足自己旺盛的食欲。这样一来，鹦鹉螺类生物就确保了自己在奥陶纪海洋捕食者中的霸主位置。

出现了10米级的巨大种类，也就意味着有足够的食物来维持巨大的身体。而生物多样化的奥陶纪海洋可以满足鹦鹉螺类的胃口。

现代鹦鹉螺的身体结构也基本相同

在整个奥陶纪享受了4200万年繁盛期的鹦鹉螺类生物也从大约4亿3000万年前的志留纪中期开始逐渐衰败。

主流形态为直锥型的壳也在大约4亿4340万年前的志留纪早期之后，开始变成卷曲的螺旋状。接着，随着时间的推进，

近距直击

鹦鹉螺这个名字的由来是什么？

现代鹦鹉螺身上带有火焰花纹的壳令人印象深刻。鹦鹉螺这个名字是从哪里来的呢？关于这个问题，有各种观点。其中最具说服力的观点认为，因为壳的入口部分是黑色的，令人联想到鹦鹉的嘴，所以叫作鹦鹉螺。另外，还有人认为鹦鹉螺排列着牙齿的颚片的形状像鹦鹉的嘴巴，由此得名。

令人联想到潜水艇与鹦鹉的鹦鹉螺是能激发想象力的动物

鹦鹉螺类生物的繁荣

现代的鹦鹉螺从出生开始就有壳了哦。

给刚孵化出来的鹦鹉螺喂食的场景

现代鹦鹉螺的饲养

日本三重县的鸟羽水族馆自1978年起开始饲养大脐鹦鹉螺，自1982年开始饲养其他鹦鹉螺。迄今为止已经孵化出219只个体（截至2014年2月）。

鹦鹉螺化石
Neothrincoceras

大约2亿9890万年前的二叠纪早期的化石，出土于哈萨克斯坦。这个时代，壳的卷曲度已经比较高了。

增加的许多品种也逐渐灭绝。到了大约2亿130万年前的侏罗纪，只剩下鹦鹉螺目这一个种类。现代拥有螺旋状壳的鹦鹉螺就和这个种类相关。

至于直锥型的壳为什么会发生卷曲，现在仍没有明确的解释。如果鹦鹉螺类生物身体的背部与腹部的壳以同样的比例增大，就不会发生卷曲。由于腹侧壳的生长速度快于背部，所以发生了卷曲。至于为什么会出现这样的情况，现在还不太清楚。

此外，研究认为奥陶纪的鹦鹉螺类生物与现代的鹦鹉螺虽然壳的形状不同，但身体的结构基本一致。现代的鹦鹉螺，壳的内部也分成了几个小房间，而身体也在最下面那个"房间"里。

酷似现代鹦鹉螺的菊石[注6]是在泥盆纪由杆石类分化出来的，一直繁盛到6600万年前的白垩纪晚期，之后灭绝。而乌贼、章鱼则是石炭纪早期从杆石类分化而来的物种进一步分化出来的。它们也和现代的鹦鹉螺有很多相似点，如颚片与甲壳素的齿舌、多条触腕、有漏斗等等。胃、鳃等也相似。不过，无论是古生代的鹦鹉螺类生物还是现代的鹦鹉螺，都没有像乌贼和章鱼那样的吸盘[注7]。吸盘是乌贼和章鱼在新时代的进化过程中获得的。

另外，现代的鹦鹉螺没有墨囊[注8]，眼睛也是简单的构造，从这些解剖学上的特征来说，与乌贼和章鱼相比，现代鹦鹉螺的身体构造可以说是比较原始的，它们被叫作"活化石"的一部分原因就在于此。

科学笔记

【菊石】 第88页注6
拥有平整的螺形壳的头足类，属于软体动物门头足纲菊石亚纲。研究认为在头足类之中，比起鹦鹉螺，菊石更接近乌贼、章鱼。

【吸盘】 第88页注7
作为动物器官的吸盘可以收缩肌肉，利用内侧与外侧的压力差吸附在一些东西上。章鱼的吸盘以吸力强著称，蛙类、鲫、七鳃鳗等也有吸盘。

【墨囊】 第88页注8
主要指乌贼、章鱼的身体内存放墨汁的器官。通过喷射墨汁，达到迷惑敌人和猎物的目的。

近距直击

被称为"海中灵长类"的头足类

与菊石一样由杆石类进化而来的乌贼和章鱼是拥有较大的脑神经节和与人类相似的相机眼的智慧动物。执导了以深海为主题的纪录片电影《沉默的世界》的法国海洋探险家雅克-伊夫斯·科斯托，甚至把乌贼比作"海中灵长类"。鹦鹉螺类生物的后代中不仅有"活化石"，还有聪明的生物。

就与身体的比例来说，乌贼、章鱼的脑神经节是比较大的，这是它们成为聪明的头足类的原因

探索头足类的初期进化

软体动物是什么？

软体动物是自寒武纪就已经繁盛起来的无脊椎动物中的一个群体（门）。进入奥陶纪后，软体动物大型化，种类也发生了爆炸性的增长。现代软体动物栖息在从陆地到深海的各种环境之中，其多样性仅次于节肢动物。大部分软体动物身体左右对称，没有体节。软体部分由头、脚、内脏团构成，并且被由内脏团的表皮延伸出来的外套膜覆盖。软体动物大致可以分为拥有石灰质壳的群体与除此之外的原始生物群体，前者包括单板类、双壳类、腹足类、掘足类、头足类，还包括已经灭绝的太阳女神螺类与喙壳类。

"普特莱克斯"是头足类的祖先吗？

最古老的头足类是从中国寒武纪晚期地层中出土的短棒角石，曲锥形的壳由多个隔壁、带有连室细管的气室和与之连接的住室构成。因为壳的内部构造

■ 现代鹦鹉螺类的胚胎

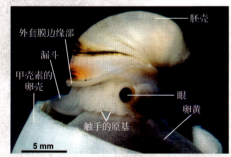

胚壳
外套膜边缘部
漏斗
甲壳素的卵壳
眼
卵黄
触手的原基
5 mm

产卵后第 160 天的现代大脐鹦鹉螺胚胎（去除一部分卵壳，从侧面拍摄的照片）。可以看到曲锥形的胚壳、孔状的眼睛、多个触手的原基、漏斗。这个品种产卵后的孵化大致需要 10 个月到 1 年的时间，这个阶段还没有形成气室。

（注）分属于不同系统的生物在处于相同的生态位或生存环境，身体进化出相似特征的现象。

■ 布尔吉斯页岩层（寒武纪中期）出土的动物化石"普特莱克斯"

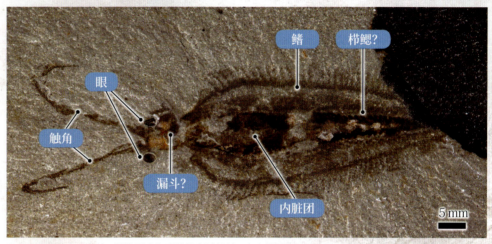

鳍
栉鳃？
眼
触角
漏斗？
内脏团
5 mm

从背侧拍摄的化石标本，因为形态与现代的乌贼相似，有人推测它是拥有游动能力的捕食者。

与现代的鹦鹉螺类相似，所以有人推测它拥有游动能力。以前，短棒角石一直都被认为是长着带有隔壁的直锥形壳的底生性单板类或者太阳女神螺类的近亲，在寒武纪早期到中期进化而来。

后来，马丁·史密斯和让-伯纳德·卡朗于 2010 年在《自然》上提出了新学说。他们将加拿大落基山脉寒武纪中期（约 5 亿 500 万年前）的布尔吉斯页岩层中出土的仅由软体部分组成的化石动物"普特莱克斯"作为头足类的祖先。他们认为，这种动物的外形与现代的乌贼类似，从一对触角、发达的眼睛、有利于游动的宽鳍、梳状的鳃、漏斗的身体结构推测，"普特莱克斯"是拥有游动能力的捕食者。此外，因为中国华南的寒武纪晚期地层（约 5 亿 2500 万年前）中出土的化石动物群中也有身体结构与"普特莱克斯"相似的动物，所以他们认为在寒武纪早期出现的头足类祖先在进化出壳之前，就已经

进化出与乌贼相似的身体结构，获得了自由游动的能力。不过，因为"普特莱克斯"没有摄食器官颚片、齿舌等头足类的特征器官，触角的形状与现代头足类的触腕不一样，从标本上也很难识别漏斗的原貌，所以很难把"普特莱克斯"界定为头足类。以现代鹦鹉螺的胚胎发育为参考对象，可以得到这样一种启发：头足类从拥有直锥形壳的祖先开始，经过隔壁的形成，进化出了具备浮力器官气室的曲锥形壳。而乌贼、章鱼的壳的退化消失与鳍的发达则是在比寒武纪晚很久的白垩纪晚期（1 亿年前—6600 万年前）才发生的进化式改变，所以，"普特莱克斯"与现代乌贼类在外形上的相似，被认为是与游动能力相关的趋同演化现象（注）。"普特莱克斯"被认为是头足类之外的无脊椎动物，但关于它在分类上的所属，尚无明确的界定，还有待今后的进一步研究。

棚部一成，1948 年生。九州大学研究生院理学研究科地质学专业博士。研究软体动物（尤其是头足类）的形态进化及其整体。2010 年获日本古生物学会"横山奖"。编著有《古生物的科学 2》（朝仓书店）等多部作品。

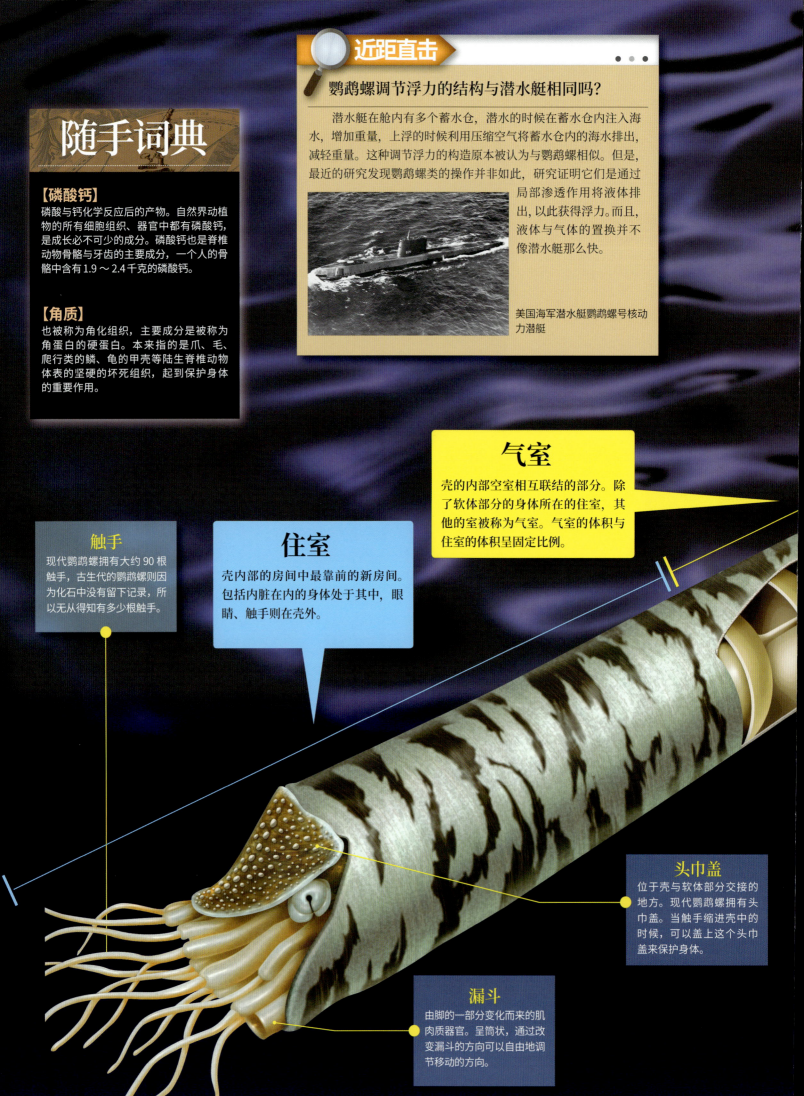

随手词典

【磷酸钙】
磷酸与钙化学反应后的产物。自然界动植物的所有细胞组织、器官中都有磷酸钙，是成长必不可少的成分。磷酸钙也是脊椎动物骨骼与牙齿的主要成分，一个人的骨骼中含有1.9～2.4千克的磷酸钙。

【角质】
也被称为角化组织，主要成分是被称为角蛋白的硬蛋白。本来指的是爪、毛、爬行类的鳞、龟的甲壳等陆生脊椎动物体表的坚硬的坏死组织，起到保护身体的重要作用。

🔍 **近距直击** ● ● ●

鹦鹉螺调节浮力的结构与潜水艇相同吗？

潜水艇在舱内有多个蓄水仓，潜水的时候在蓄水仓内注入海水，增加重量，上浮的时候利用压缩空气将蓄水仓内的海水排出，减轻重量。这种调节浮力的构造原本被认为与鹦鹉螺相似。但是，最近的研究发现鹦鹉螺类的操作并非如此，研究证明它们是通过局部渗透作用将液体排出，以此获得浮力。而且，液体与气体的置换并不像潜水艇那么快。

美国海军潜水艇鹦鹉螺号核动力潜艇

气室
壳的内部空室相互联结的部分。除了软体部分的身体所在的住室，其他的室被称为气室。气室的体积与住室的体积呈固定比例。

触手
现代鹦鹉螺拥有大约90根触手，古生代的鹦鹉螺则因为化石中没有留下记录，所以无从得知有多少根触手。

住室
壳内部的房间中最靠前的新房间。包括内脏在内的身体处于其中，眼睛、触手则在壳外。

头巾盖
位于壳与软体部分交接的地方。现代鹦鹉螺拥有头巾盖。当触手缩进壳中的时候，可以盖上这个头巾盖来保护身体。

漏斗
由脚的一部分变化而来的肌肉质器官。呈筒状，通过改变漏斗的方向可以自由地调节移动的方向。

鹦鹉螺类的身体构造

壳

古生代拥有壳的无脊椎动物中，拥有碳酸钙壳的鹦鹉螺类有不少进化成体形巨大的生物，甚至有像照片中的内角石类那样壳长达 10 米的种类。圆锥形的壳也有减小水的阻力的作用。在鹦鹉螺类之后进化出来的鱼类，它们的牙齿不是由碳酸钙，而是由更坚固的磷酸钙构成的。

奥陶纪早期内角石的壳的化石，出土于瑞典

隔壁

室的壁。在新增的室的隔壁完全石灰化之前，室中装满了成分接近海水的液体。当墙壁的强度稳定之后，液体逐渐抽出，置换为气体。

房间（室）

壳在身体后面不断地形成新的室，小室的数量随着壳的成长不断增加。越往前长，室越大，因为身体也在成长。

连室细管

是由石灰质与角质构成的管。连室细管内部还有更细的像丝一样的连室细管索贯穿其中。液体流通的途径只有细管穿过隔壁的部分，所以室内液体与气体的置换是通过连室细管索来实现的。

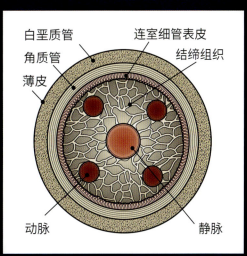

白垩质管　连室细管表皮
角质管　结缔组织
薄皮
动脉　静脉

连室细管索的横截面。新的室形成后，在连室细管表皮的作用下，室内的液体缓慢地流入连室细管内部的静脉，随后，在肾脏的作用下，液体被排出体外，排出液体的室再逐渐填充气体

包括奥陶纪在内，古生代的鹦鹉螺类留下来的化石只有壳的部分。因此，无从得知它们触手的数量以及是否有头巾盖。不过，我们根据拥有相同壳体构造的现代鹦鹉螺进行推测，画出了复原图。

基于对众多化石标本的研究，我们已经掌握了壳内部的构造。壳的内部分成好几个房间（室），其中充斥着气体，可以调节浮力。此外，壳的中心部位有贯穿各个房间的细管，称为连室细管。房间的数量随着鹦鹉螺的成长而增加，鹦鹉螺的身体就栖居于最新形成的房间里。

地球博物志

鹦鹉螺类的分类

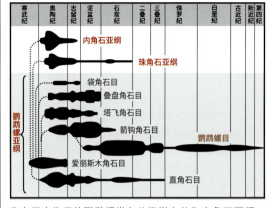

| 寒武纪 | 奥陶纪 | 志留纪 | 泥盆纪 | 石炭纪 | 二叠纪 | 三叠纪 | 侏罗纪 | 白垩纪 | 古近纪 | 新近纪 第四纪 |

内角石亚纲
珠角石亚纲
鹦鹉螺亚纲
袋角石目
叠盘角石目
塔飞角石目
箭钩角石目
鹦鹉螺目
爱丽斯木角石目
直角石目

生存于古生代的鹦鹉螺类在分类学上分为内角石亚纲、珠角石亚纲、鹦鹉螺亚纲。鹦鹉螺亚纲底下有 7 个目，研究得知其中的 6 个目曾经在奥陶纪存在过。也就是说，奥陶纪有 8 个鹦鹉螺物种。

鹦鹉螺类

| Nautilus |

称霸奥陶纪海洋的头足类代表物种

现代的鹦鹉螺中，有 4 种栖息在太平洋西南、印度洋东海岸（澳大利亚西南海岸）珊瑚礁繁盛的热带地区。它们生存于水深 150 ～ 600 米的地方。除此之外，异鹦鹉螺分布在新几内亚周边。在此介绍以奥陶纪的物种为主的古生代鹦鹉螺类的化石。

【直角石类】

| *Balticoceras discors* |

直角石目，与塔飞角石目一样，属于鹦鹉螺亚纲。壳的横截面呈椭圆形，腹侧较平坦，背侧则略微呈圆形。这个种类有个特征，连室细管不是在壳的中心，而是靠近外侧。照片中的化石是在瑞典厄兰岛发现的。当地有丰富的鹦鹉螺化石，据说还有全是化石的山崖。

数据	
门名	软体动物门
纲名	头足纲
目名	直角石目
产地	瑞典厄兰岛
年代	奥陶纪晚期

【塔飞角石类】

| *Angelinoceras sp.* |

成长初期的壳会缓慢弯曲成螺旋状，但成年后会长成略带 Sigmoid 函数曲线那样弯曲的直锥形壳。Sigmoid 与希腊文字 σ 的尾部形状相似，也叫作 S 形。螺旋呈扁平状，表面有叫作肋的平行分布的棱状条纹与成长线，腹侧的弯曲度较高。这个物种主要出现于奥陶纪中期，在中国与北欧经常出土这个物种的化石。

数据	
门名	软体动物门
纲名	头足纲
目名	塔飞角石目
产地	中国
年代	奥陶纪中期

【福地角石】

| *Fukujiceras kamiyai* |

名称源于出土地点——日本岐阜县高山市福地。壳呈直锥形，壳的表面有间距较大的肋。隔壁与外侧壳连接处的缝合线呈直线型，连室细管贯穿壳的中央。高山市福地作为化石产地自古以来就很出名。特别是泥盆纪的化石，无论是数量还是质量都被认为是最上乘的。

数据	
门名	软体动物门
纲名	头足纲
目名	直角石目
产地	日本岐阜县高山市
年代	泥盆纪

【箭钩角石类】

| *Tripteroceras planoconvexum* |

箭钩角石目与塔飞角石目、直角石目等一样属于鹦鹉螺亚纲。壳偏小，呈直锥形。壳的截面呈三角形。腹侧平展，背侧中间有凸状的突起。连室细管较小，位于腹侧。在美国伊利诺伊州等北美地区出土了大量这样的化石，欧洲也有出土。

数据	
门名	软体动物门
纲名	头足纲
目名	箭钩角石目
产地	美国伊利诺伊州
年代	奥陶纪晚期

鹦鹉螺类

【薇角石】

| *Lituites sp.* |

与前一种塔飞角石类一样，成长初期会长出平展的螺旋状壳，成年后，壳会长成略带 Sigmoid 状弯曲的直锥形。这个品种的特征是成体的壳口腹侧有一对明显的刮刀状突起。连室细管位于靠近背侧的位置。它们与前一种一样，属于塔飞角石目，壳的弯曲程度非常相似。这个化石的一部分长 9 厘米，实物的全长会是多少呢？

数据	
门名	软体动物门
纲名	头足纲
目名	塔飞角石目
产地	中国贵州省
年代	奥陶纪中期

实物大小

文明与地球

鹦鹉螺的艺术

令艺术家着迷的造型之美

现代鹦鹉螺的壳所呈现出美妙的螺旋形状、隔成几个小房间的内部结构，从 4 亿 8540 万年前起就几乎没有变过。鹦鹉螺的造型之美自古以来一直令艺术家们着迷。中世纪的欧洲，贵族们在壳中装点金银宝石，做成杯子等物品。现代也不断地诞生以壳的横截面为主题的作品。

这是壳的横断面切片摄影作品，令人深刻地感受到自然形成的美时时远远超过人类的创造力

【瑞诺角石】

| *Rayonnoceras solidiforme* |

属于鹦鹉螺亚纲。壳呈圆锥形，肥厚的连室细管位于室的中央。它的壳一般可以达到 1 米左右，其中也有 6 米的个体。虽说化石只是壳的一部分，但与照片右边的 2 排鹦鹉螺亚纲相比，可以看出这个种类要大得多。

数据	
门名	软体动物门
纲名	头足纲
目名	假直角石目
产地	美国阿肯色州
年代	石炭纪早期

近距直击

不可思议的头足纲——阔船蛸

阔船蛸是拥有壳的软体动物。英文名叫作 paper nautilus。因为乍看之下形状很像螺旋状的壳，所以阔船蛸很容易被误认为鹦鹉螺类，但事实上并非如此。阔船蛸属于软体动物门，头足纲，章鱼目，船蛸科，壳的内部没有现代鹦鹉螺那样的隔壁。只有雌性会分泌壳，在壳中储存并养育卵。

全长约 12 厘米，构造薄而精细的壳备受贝壳收藏者的青睐

【梅塔克角石】

| *Metacoceras artiense* |

属于鹦鹉螺亚纲鹦鹉螺目。到了比奥陶纪晚大约 2 亿年的二叠纪，壳开始逐渐弯曲。构成壳的螺管横截面为长方形，腹侧或者脐孔侧面有明显的突起。腹侧以及侧面的缝合线有较浅的凹陷。它是二叠纪最具代表性的鹦鹉螺。主要的出土地有俄罗斯、哈萨克斯坦等位于乌拉尔山脉周边的地区。

数据	
门名	软体动物门
纲名	头足纲
目名	鹦鹉螺目
产地	哈萨克斯坦阿克托比
年代	二叠纪早期

美丽的"海之宝石"

新喀里多尼亚

位于法属新喀里多尼亚，2008 年被列入《世界遗产名录》。

位于南太平洋的新喀里多尼亚拥有全长约 1600 千米的珊瑚礁，规模仅次于澳大利亚的大堡礁。这片现在仍然生长着造礁珊瑚的地区，是体现大洋洲自然史的重要场所。有 5055 种生物在这片富饶的珊瑚礁中生活。

栖息于珊瑚礁中的生物

尖吻鲻

管状的长嘴与红色格子是它们的特征，全长大约 10 厘米。它们会在簇生的刺胞动物柳珊瑚、软珊瑚之间游动。

蓝绿光鳃鱼

全长不到 10 厘米，集中于枝状珊瑚的周边，下颚犬齿状的牙齿向前突出。

黑蝠鲼

蝠鲼通常背侧呈黑色，腹侧呈白色，但也有少数通体黑色的品种，被称为 黑蝠鲼。

四线笛鲷

名字来源于从头部到尾部的 4 根条状花纹。全长 30 厘米左右，经常数十条乃至数百条一起成群游动。

珊瑚群形成的"海中森林"

新喀里多尼亚分布着广阔的礁湖。其中，占比约70%的6块海洋区域被列入世界遗产。这些地方保留了没有被人类开发过的生态系统，其中栖息着510种珊瑚。

地球之谜

海水倒灌逆流的涌潮现象

亚马孙河的『波罗罗卡』

『波罗罗卡』现象指的是高达5米的波浪从海上涌来，倒灌入亚马孙河，神奇又壮观。亚马孙河究竟为何经常出现海水倒灌逆流的涌潮现象呢？

逆流时速65千米
到达距离800千米

亚马孙河发源自安第斯山脉，蜿蜒穿过热带雨林，最终流入大西洋。

亚马孙河全长6516千米，长度仅次于全世界最长的尼罗河（6695千米），但705万平方千米的流域面积远远超过排名世界第二的刚果河（370万平方千米）。

虽然河流的流量会随着季节的变化而改变，但也有调查称亚马孙河占据了地球上河流总流量的20%～25%。

上游区域的透明河水从秘鲁的伊基托斯一带开始变为土黄色，在与发源于哥伦比亚的内格罗河的深色河水汇合后，亚马孙河的河水颜色再次发生变化，最后变成绿色的河水流入大海。

水色的变化即意味着生态环境的变化。河水内以及流域内的热带雨林之中栖息着无数适应了环境的鱼类、鸟类、哺乳类、昆虫等。进入21世纪后，亚马孙河流域也不断地发现新的物种。

此外，巴西国家印第安人基金会于

2008年公布了在巴西与秘鲁的交界区域发现未曾与外部有过接触的土著的消息。

亚马孙河缓缓地流淌着，流域中到处都是人类未曾涉足的神秘区域。

不过，下游区域有时也会出现神秘的景象——巨浪从海上涌向河口，吞没河流，开始倒灌逆流。

当地把这种现象称为"波罗罗卡"，那是土著的语言，似乎是"巨大的噪声"的意思。

海水形成4～5米高的巨浪，以每小时65千米左右的速度逆流，发出骇人的巨响。据说有时候海水会冲到距离亚马孙河河口800千米远的地方。800千米，大概是东京到广岛的距离。

亚马孙河究竟为什么会形成如此长距离的倒灌呢？

解开这个谜题的关键就是月球与太阳。"波

地球上为数众多的河流之中，只有少数几条会出现类似"波罗罗卡"的现象，法国的加龙河就是其中一条

正如土著所说的"巨大的噪声",大西洋的海水爆发出骇人的巨响,倒灌入亚马孙河,推倒河岸的树木

罗罗卡"就发生于在月球和太阳的引力作用下出现的大潮之日。

地球一天自转一周,每天都会有涨潮与落潮,但涨潮、落潮之差最大的大潮之日每月只有2次,分别是满月与新月的日子。

因为太阳、月球、地球在这两天里位于一条直线上,在月球引力和太阳引力的共同作用下,引发了大潮。

满月的大潮是太阳与月球的引力相互作用下的张力引发的,而新月的大潮则是由太阳与月球的引力叠加引发的。

月球一边自转一边绕着地球公转,所以,月球的引力牵引海水的地点的正后方,会产生与牵引力同等的离心力。就像乘坐的车子突然转弯的时候,身体会倒向另一侧一样,那个地点的海水也会形成波浪。

就像这样,每个月两次,涨潮的波浪

会涌向亚马孙河,"波罗罗卡"也就开始了。

世界上的冲浪爱好者们因为"波罗罗卡"的巨大波浪聚集在此地

亚马孙河的河口在每年春季都会迎来潮汐落差最大的时期,而且刚好与雨季的时间重合,所以这个时候形成的"波罗罗卡"的规模是最大的。

虽然河口附近的城镇有时会遭受洪灾,但也有人反过来对这些巨大波浪加以利用。巴西帕拉州的圣多明戈斯杜卡平从1999年起每年春天都会举办国际冲浪比赛。2003年的比赛中,出现了在"波罗罗卡"的波浪上连续冲浪37分钟、逆流而上12千米的冲浪者,引起热议。现在,

圣多明戈斯杜卡平之外的很多城镇也聚集了来自全球的冲浪爱好者,剑指"波罗罗卡"的波浪。

像"波罗罗卡"这样海水倒灌逆流的现象也叫"涌潮",亚马孙之外,地球上还有几条会发生涌潮的河流,如中国的钱塘江、法国的加龙河、英国的塞文河等。特别是钱塘江的涌潮,可以匹敌"波罗罗卡"的威力,据说会形成3米高的涌潮,逆流至距离河口100千米的地点。

亚马孙河与这些河流的共同点是河口呈喇叭状,河口附近的河床较浅。涌潮的形成也有地形方面的原因。

其实,伦敦的泰晤士河与巴黎的塞纳河也会发生涌潮,只是规模比较小而已。乍看之下很神秘的现象竟也会发生在大城市中。

Q 鹦鹉螺吃什么东西？

A 在水族馆看到的鹦鹉螺动作非常缓慢，与乌贼、章鱼那种迅速捕捉猎物的样子截然不同。身手不矫健的鹦鹉螺在自然界的海洋中主要以动物尸骸为食。水族馆中饲养的鹦鹉螺喂的是虾等饲料。

Q 哪里可以看到现代鹦鹉螺呢？

A 现代鹦鹉螺的栖息地在太平洋西南、澳大利亚的近海水深 150～600 米处。因为水深较深，所以一般情况下是看不到的。不过，在密克罗尼西亚群岛的帕劳，有一个非常受欢迎的旅游项目。晚上，帕劳鹦鹉螺会上浮到水深 100 米左右的地方，人们暂时限制其游动区域，第二天释放时，游客可潜水观赏他们。据当地人说，新月的日子里会有比较多的鹦鹉螺浮上来。

在帕劳，一边观察鹦鹉螺一边潜水

Q 现代珊瑚有什么代表品种？

A 珊瑚礁中种类最多的是鹿角珊瑚，约 150 种。经常听到有人把树枝形状的珊瑚称为枝状珊瑚，但这是俗称，它们是鹿角珊瑚中的一种。第二多的是苔珊瑚，拥有圆形骨骼，珊瑚虫紧密排列，构成球状簇生。

鹿角珊瑚，可以看到富于变化的簇生形态　　苔珊瑚，在日本的栖息地最北可以到达能登半岛

Q 大的珊瑚礁有多大呢？

A 地球最大的珊瑚礁是澳大利亚东北海岸的大堡礁。全长约 2000 千米，2500 多个大小珊瑚礁连成一片，其中还有 900 多座小岛。大堡礁的规模可以装下整个日本列岛。大堡礁是世界上最大的由生物形成的单一构造物，1981 年被列入《世界遗产名录》。据说大堡礁栖息着约 400 种珊瑚、1500 多种鱼类，发挥着维护生物多样性的重要作用。

从天空看到的大堡礁的一部分

Q 珊瑚的颜色是由什么形成的？

A 珊瑚的基本组成是珊瑚虫，但在像壳一样的石灰质骨骼之中，并不是只有珊瑚虫，还有虫黄藻，两者是共生的。大家看到的珊瑚的颜色就是这种虫黄藻的光合色素。温室效应导致海水温度上升，致使虫黄藻脱离珊瑚，珊瑚便会失去颜色，这叫作珊瑚的白化现象。如果海水温度在短时间内停止上升，珊瑚内的虫黄藻会再次增加，珊瑚就能恢复颜色。

澳大利亚大堡礁健康的珊瑚

地球最初的大灭绝

4 亿 8540 万年前—4 亿 4340 万年前

[古生代]

古生代是指 5 亿 4100 万年前—2 亿 5217 万年前的时代。这时地球上开始出现大型动物，鱼类繁盛，动植物纷纷向陆地进军，这是一个生物迅速演化的时代。

第 101 页　图片 /PPS
第 102 页　图片 /123RF
第 104 页　插画 / 月本佳代美
第 105 页　插画 / 斋藤志乃
第 106 页　插画 / 服部雅人
第 108 页　插画 / 真壁晓夫
　　　　　图片 /Buiteen-Beeld/ 阿拉米图库
　　　　　图片 / 视角 / 阿拉米图库
第 109 页　图片 / 联合图片社
　　　　　插画 / 月本佳代美（负责绘制莎卡班坝鱼）、服部雅人（负责绘制亚兰达甲鱼）
　　　　　本页其他图片均由 OPO 提供
第 110 页　本页插画除特别说明外，均由服部雅人绘制
　　　　　插画 / 真壁晓夫
　　　　　图片 / 朝日新闻社
第 111 页　本页插画均由服部雅人绘制
第 113 页　插画 / 真壁晓夫
　　　　　图片 /PPS
第 114 页　插画 / 斋藤志乃
　　　　　图片 /Dinodia Photos/ 阿拉米图库
　　　　　图片 /PPS
第 115 页　插画 / 真壁晓夫 / 根据克里斯多夫・R. 史考提斯的古地理图改编
　　　　　图片 / 地质古生物学工作室
　　　　　图片 / 比尔格・施密兹、马里奥・塔西纳里
第 116 页　插画 / 斋藤志乃
第 117 页　插画 / 上村一树
第 118 页　插画 / 三好南里
　　　　　图片 /PPS
　　　　　图片 / 美国国家航空航天局
第 119 页　图片 / 国家历史博物馆图片图书馆
　　　　　图片 /PPS
第 120 页　图片 / 汤姆・比恩 / 阿拉米图库
　　　　　图片 / 江崎洋一
　　　　　图片 / 阿玛纳图片社
第 121 页　插画 / 三好南里
　　　　　图片 / 江崎洋一
第 122 页　插画 / 上村一树
　　　　　图片 / 朝日新闻社
　　　　　插画 / 三好南里
第 124 页　图片 /C-MAP
　　　　　图片 /PPS
　　　　　图片 / 联合图片社
　　　　　图片 / 地质古生物学工作室
　　　　　插画 / 真壁晓夫
第 125 页　图片 / 史蒂芬・M. 霍兰德
　　　　　图片 / 地质古生物学工作室
　　　　　本页其他图片均由 PPS 提供
　　　　　插画 / 斋藤志乃
　　　　　插画 / 真壁晓夫
第 126 页　图片 /Aflo
　　　　　图片 /123RF、123RF
　　　　　图片 / 戴夫・瓦茨 / 阿拉米图库
第 127 页　图片 /Aflo
第 128 页　图片 / 朝日新闻社
第 129 页　图片 /PPS
　　　　　图片 / 日本国立国会图书馆
第 130 页　图片 / 朝日新闻社
　　　　　图片 /© 日本八目制药株式会社
　　　　　图片 /Aflo
　　　　　图片 /PPS
　　　　　图片 /PPS

—顾问寄语—

大阪市立大学教授 江崎洋一

进入显生宙之后，最早的大灭绝发生在奥陶纪末。

经由寒武纪大爆发和奥陶纪生物大辐射，海洋生物群极尽多样化。

后来为什么会发生大灭绝呢？

这将是认识地球环境和生态样貌偶尔会发生急遽变化的好机会。

繁盛与灭亡之海

地中海被欧亚大陆与非洲大陆包围。这片海域在奥陶纪曾被别的大陆包围，南面是冈瓦纳古陆，北面有劳伦古陆。那时，它有另一个名字——古特提斯海。这片海域遍布珊瑚礁，充满各种生命，最终因大陆之间的碰撞而消失。之后随着地壳的运动，诞生与消亡重复上演，直到大约 500 万年前，才成为现在的样子。其间的变迁，就是曾经生活在这里的生物的兴亡史。这片在阳光照耀下荡漾着平和波光的海域，竟是上演了一轮又一轮生命兴亡的舞台。

**从意大利西西里岛
眺望地中海**

地中海是内海，北面和东面是欧亚大陆，南面是非洲大陆，只有西面通过直布罗陀海峡与外海大西洋相连。地中海的英文名来自拉丁语，意为"大地中心"，其沿岸曾有过古埃及、古希腊、古罗马等众多繁盛一时的古代文明。

鱼类的黎明

研究认为，在全球气候变暖较为显著的奥陶纪，除特定时期外，在两极区域内不存在冰床，海面也比如今高出100多米。海洋比现在广阔得多，这对当时处在进化过程中个体数还较少的生物来说，无疑是潜藏无限可能的新天地。在这一片海洋边缘的浅滩中，有一种慢慢游动的不可思议的生物，看上去像长着鳞的蝌蚪。这是一种叫作"莎卡班坝鱼"的最古老的鱼类。它们还未进化出鳍，也没有下颌。鱼类的历史，就是从这种"无颌类"开始的。

莎卡班坝鱼

无颌类登场

在脊椎动物的进化过程中

没有颌的鱼类出现

鱼类、哺乳类、鸟类、爬行类、两栖类都属于脊椎动物。在寒武纪，它们的祖先登场。在大约 5000 万年后的奥陶纪，脊椎动物又发生了怎样的进化呢？

因为没有颌，它们像鲤鱼旗那样，一直张着嘴。

与现在的鱼类似乎有些相似又有些不同的远古鱼类

在奥陶纪的海洋中，苔藓虫和床板珊瑚等造礁生物的活动形成了各种各样的礁石，生物也开始不断地多样化。海百合随着海流摇曳，三叶虫和鹦鹉螺等动物活跃在海中，其中也有可谓是人类祖先的脊椎动物的身影——被认为是在奥陶纪中期登场的鱼类"亚兰达甲鱼"。

它全长 15～20 厘米，流线型的身体上有鳞。与生活在寒武纪早期的脊椎动物相比，其鱼类的特征更加明显。

但是，它和我们常见的鱼类还有很多不同之处。亚兰达甲鱼属于"甲胄鱼"，身体前半部分被坚硬的骨质甲板包裹。亚兰达甲鱼的骨质甲板从表皮进化而来，是为了防备捕食者。它的另一个特征是没有颌。

因为没有颌，无法攻击其他生物，亚兰达甲鱼一边躲避捕食者，一边靠从海底的泥土中摄取有机物生存。现今是海洋主角的鱼类，在当时还是十分弱小的。

亚兰达甲鱼
Arandaspis

这是亚兰达甲鱼的复原图。其化石发现于澳大利亚中部。特指当地土著亚兰达族的"Aranda"一词加上希腊语中表示"盾"的"aspis"一词，构成了它的学名。正如它的名字，其身体的前半部分包裹两枚骨质甲板，就像盾一样，这是它的特征。

现在我们知道！

从奥陶纪的鱼类身上可见脊椎动物繁盛的征兆

鱼类系统

即在脊椎动物系统中鱼类所处的位置。鱼类之外的脊椎动物都是从肉鳍类分支出去的。肉鳍类中不是四肢动物的种类、无颌类、软骨鱼类、辐鳍类属于鱼类。现在，鱼类占了脊椎动物种类的半数以上。

无颌类 约85种

软骨鱼类 约850种

辐鳍类 约2万5000种

肉鳍类 约2万3600种

脊椎动物 有颌类 硬骨鱼类 鱼类

※ 品种的数量有多种说法。

占陆地大型生物绝大多数的哺乳类，称霸天空生态系统的鸟类，掌握快速游泳技术的鱼类……脊椎动物堪称如今地球上最成功的物种之一。特别是鱼类[注1]，作为最早出现的脊椎动物，它们是哺乳类、鸟类、爬行类、两栖类等脊椎动物诞生的基础，是一个非常重要的物种。

鱼类现存3万多个品种，但在奥陶纪，已经被确认的只有几个品种。在当时还是"少数派"的鱼类，究竟是怎样的生物呢？

早期鱼类并不擅长游泳？

奥陶纪的代表性鱼类，除亚兰达甲鱼之外，还有1986年在南美的玻利维亚被发现的莎卡班坝鱼。这种鱼与亚兰达甲鱼一样，没有下颌，身体的前半部分被骨质甲板包裹。

现在的鱼类大致可以分为肉鳍类、辐鳍类、软骨鱼类和无颌类，而奥陶纪的鱼类则全部属于无颌类。现生的无颌类种群很小，只有主要生活于河流的七鳃鳗和主要生活于深海的盲鳗这2种。鱼类的历史却是从无颌类开始的。

多数鱼类依靠长在尾部、背部、臀部、腹部和胸部的鳍来获得强大的游泳能力，但观察亚兰达甲鱼和莎卡班坝鱼的化石，会发现它们只有尾鳍。现生鱼类的腹鳍、胸鳍可以保持身体平衡，精细调整方向。当时的鱼类没有这些部位，可以推知其游泳能力并不强。

其实，有证据表明，莎卡班坝鱼无法长距离游泳。在奥陶纪，地表上有冈瓦纳古陆、劳伦古陆等大陆板块，但莎卡班坝鱼的化石只发现于冈瓦纳古陆沿岸附近的地层中。据此可以认为，它并不能游过水较深的外洋移动至其他大陆沿岸。

革新式"鳞"的获得

由于不擅长游泳，又没有下颌，奥陶纪的鱼类无法捕食动物，比较弱小。但是，观察它们的身体构造，会发现一些预示着其晚期繁盛的特征已经出现。其中最突出的特征，是不存在于寒武纪鱼类体表的鳞出现在了它们身体的后半部分。

鳞是在真皮[注2]上发育出的小片状的坚硬骨骼。这些坚硬的组织

新闻聚焦

发现无颌类和有颌脊椎动物的联系

现存的无颌类被称为"圆口类"。2012年12月，日本理化学研究所通过研究圆口类中的一员——盲鳗的胚胎，发现了其头部在胚胎中的发育过程是圆口类独有的。而且，结合观察化石鱼类所得的结论，这个独特的过程很可能与有颌脊椎动物的远祖是共通的。在探明包含无颌类在内的脊椎动物起源方面，这项研究成果是一条重要的线索。

盲鳗没有眼部晶状体、脊椎和颌，会分泌大量黏液，很长一段时间里被认为是一种谜一般的生物。

现存的无颌类——七鳃鳗

因为在眼的后方并排长着七对鳃孔[注3]，看上去就像有八对眼一样，所以也叫"八目鳗"。虽与鳗鱼相似，但在生物学上却是另一个种类的生物。靠吸附于其他鱼类的身上吸取其体液生存。

● 奥陶纪的鱼类化石

奥陶纪的鱼类化石数量稀少，发现的地域也有限。在奥陶纪的海域中，甚至有一些区域没有发现鱼类的存在。

莎卡班坝鱼
复原图

莎卡班坝鱼
| *Sacabambaspis* |

体长约 30 厘米，比亚兰达甲鱼大了一圈，小小的尾鳍长在腹部和背部。其化石发现于玻利维亚和阿曼等地。这两个地区在奥陶纪时刚好分布在冈瓦纳古陆的两端，据推测它们应该是沿着大陆的浅滩游过去的。

亚兰达甲鱼
复原图

亚兰达甲鱼化石（复制品）
原件是在澳大利亚中部的艾利斯斯普林斯发现的。头部轮廓清晰可见，但身体的后半部分尚不明确。据推测除了尾鳍之外没有其他的鳍。

鳞具有在游动时降低水的阻力的功能！

覆盖身体表面，犹如铠甲，可以抵御外敌攻击。这一点虽然和三叶虫等的甲壳相同，但鳞却拥有更加划时代的优点。只用一块坚硬的组织覆盖身体，会大幅折损运动能力，而鳞是将组织分成很多小份，身体便可以自由地弯曲和伸缩。总而言之，鳞具有防御能力，并能提升运动能力。没有高超游泳能力的奥陶纪鱼类也许没能最大限度地活用鳞的优势，但行动敏捷的同类会在之后的时代出现。这个伏笔，正埋在奥陶纪的鱼类身上。

在亚兰达甲鱼、莎卡班坝鱼生存了数千万年之后，鱼类一跃成为大海中占统治地位的种族。这就是奥陶纪时我们的祖先，一方面，身体里潜藏着多种可能性，另一方面，为了将进化的接力棒传下去而在生态系统的底层挣扎求生。

◻ 花样繁多的鱼鳞

现存鱼类的鳞大致可分为三类。据推测，随着进化，厚重的鳞片逐渐变成了轻薄的鳞片。

叶状鳞
由象牙质或釉质退化而来，有圆鳞和栉鳞两种类型。可在占现存鱼类大多数的辐鳍类身上看到。

硬鳞·齿鳞
硬鳞质和齿鳞质（硬组织的一种）覆盖骨质的构造。在一部分硬骨鱼类中常见，在现存的雀鳝和腔棘鱼等古代鱼类身上可以看到。

盾鳞
鲨鱼和鳐等软骨鱼类身上常见。从真皮中突出，象牙质上覆盖釉质，是一种类似于牙齿的构造，又名"皮齿"。

科学笔记

【鱼类】 第108页注1
要明确地定义鱼类很困难，一般来说，它被定义为"在脊椎动物进化的初期，没能脱离水下生活的动物"。现存的鱼类，广义来说包括没有下颌的无颌类（七鳃鳗、盲鳗），骨骼由软骨构成的软骨鱼类（鲨鱼、鳐等），各个鳍上长有辐状骨的辐鳍类（鲷鱼、日本真鲈、沙丁鱼等），以及肉鳍类的一部分（腔棘鱼、肺鱼等）。狭义则是指无颌类以外的鱼类。还有盾皮类和棘鱼类等已经灭绝的鱼类。

【真皮】 第108页注2
皮肤组织的一部分，里面存在神经和血管。鱼类的皮肤由外侧的表皮和内侧的真皮构成，表皮内有黏液腺，分泌黏液保护体表。真皮比表皮厚，是一种纤维性较强的组织。

【鳃孔】 第108页注3
指鳃后方的排水口。在脊椎动物胚胎的成长过程中长出的咽头部与外界的连通口也叫鳃孔。

神秘的牙形刺所传递的信息

19 世纪以后，从世界各地的寒武纪到三叠纪（2 亿 5217 万年前—2 亿 130 万年前）期间的地层中发现了"牙形刺"。关于这种令人费解的化石的真面目，引起了激烈的争论。科学界先后提出了三叶虫附肢说、乌海蛭之齿说等各种假说。近年，较有说服力的假说认为它是类似七鳃鳗的无颌类的牙齿。没有甲胄的无颌类动物很难形成化石。如果牙形刺是无颌类的一部分，那么在远古的海洋中，可能有远超过已知数量的更多品种的无颌类。

照片为日本国内最古老的牙形刺。它们是只有 0.2～5 毫米的微小化石。下图是推测可能拥有牙形刺的无颌类动物牙形虫的复原图

尾鳍

虽然没有找到化石证据，但推测是亚兰达甲鱼所拥有的唯一的鳍。可能是被鳞片所覆盖的。

镰甲鱼
| Drepanaspis |

全长：约 30 厘米
年代：泥盆纪
特征是其扁平而宽的身体。因为其眼睛长在头部甲胄的两侧，或许可以将海底一览无遗。口是朝上方长的，可能是底栖鱼。它们是如何摄取食物的现在还未探明。

北甲鱼
| Boreaspis |

全长：约 13 厘米
年代：泥盆纪
和伊瑞盾甲鱼相似，其头部的甲胄朝前方刺出且锋利。但它的甲胄两侧长有一对尖刺，后方还长有一条鳍状的凸起。有人认为其正面延伸的凸起是用来在泥土中搜寻猎物的。

伊瑞盾甲鱼
| Errivaspis |

全长：约 20 厘米
年代：泥盆纪
特征是正面朝前长着一个尖锐的锥形甲胄。甲胄后部有尖刺。据推测，在同时代的鱼类中，其游泳能力较强。

原理揭秘

在太古之海中繁盛的无颌类家族

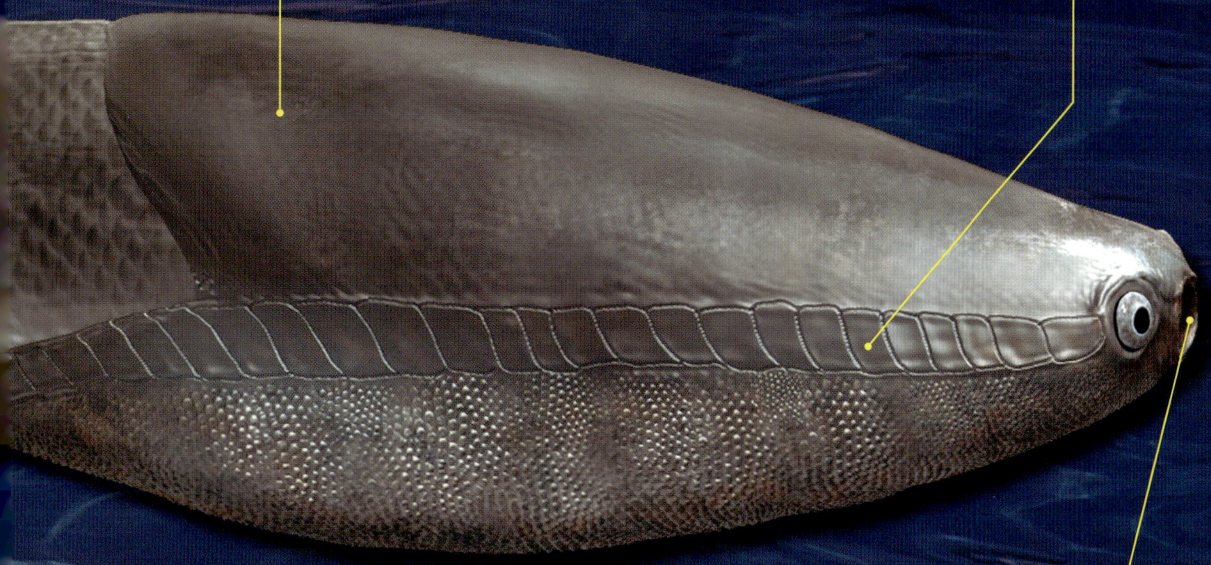

甲胄
据推测，它们身体的前半部分被坚固的骨质甲板包裹，以抵御捕食者。

亚兰达甲鱼
| *Arandaspis* |

全长：15～20厘米
年代：奥陶纪
最古老的无颌类。像亚兰达甲鱼一样，身体的前半部被骨质甲板包裹的鱼类统称"甲胄鱼"。甲胄鱼并不是科学术语，科学上，长有甲胄的无颌类被分为鳍甲类和头甲类。甲胄鱼在泥盆纪晚期几乎灭绝。

鳃板
头部侧面规则地排列了一些骨质的板状物，一般认为有保护鳃的作用。

口
呈张开的空洞状，从海底的泥土中过滤有机物为食。

志留纪

4亿4340万年前—
4亿1920万年前

莫氏鱼
| *Jamoytius* |

全长：约15厘米
年代：志留纪
外貌和七鳃鳗十分相似，但更加原始，属于无颌类没有甲胄中的缺甲类。在头部侧面的眼睛后方排列着鳃孔，推测其身体表面长有类似鳍的长条形褶皱。

半环鱼
| *Hemicyclaspis* |

全长：约15厘米
年代：志留纪晚期
其头部与腹部连接处长有一对包裹着鳞片的凸起，据推测其发挥了胸鳍的作用，维持游泳时的姿态稳定。

无颌类虽然到今天大部分已经灭绝了，但在奥陶纪是不断地进化的。在之后的志留纪乃至泥盆纪，都有很多种类登场。它们是当时海洋的主角之一。它们有的长着"独角兽"一样的角，有的像比目鱼一样身体扁平，每一种都很独特。在这里，我们将介绍奥陶纪的无颌类的身体结构及其后代。

冈瓦纳古陆

超级大陆分裂 孕育生物的新天地

形成于元古宙晚期的超级大陆罗迪尼亚很快开始分裂，在寒武纪形成了新大陆，名为「冈瓦纳」。这也是奥陶纪以后生物进化的重要场所。

南半球出现的 新的进化大舞台

从生物发生了爆发式进化的寒武纪到奥陶纪，孕育了生命的浅海中发生着猛烈的地壳运动。超级大陆罗迪尼亚开始南北分裂，形成了劳伦古陆、波罗地古陆、西伯利亚古陆、冈瓦纳古陆。

形成于南半球的冈瓦纳古陆面积最大，由现在的南美洲、非洲、马达加斯加、印度、澳大利亚、塔斯马尼亚、南极等组成。在奥陶纪，大陆的周围浅海区域珊瑚礁发达，无颌类和无脊椎动物等繁盛一时。但陆地上几乎没有植物，只有贫瘠的荒野和山脉，可谓"死亡大地"。

奥陶纪结束，进入志留纪，这片"死亡大地"的样貌焕然一新。植物开始真正登上陆地。冈瓦纳古陆一直维持到白垩纪（1亿4500万年前）。在这片植物繁茂的肥沃陆地上，上演了许多生物进化的故事。

直到现在，在曾经构成冈瓦纳古陆的各块大陆上，进化的故事仍在继续。

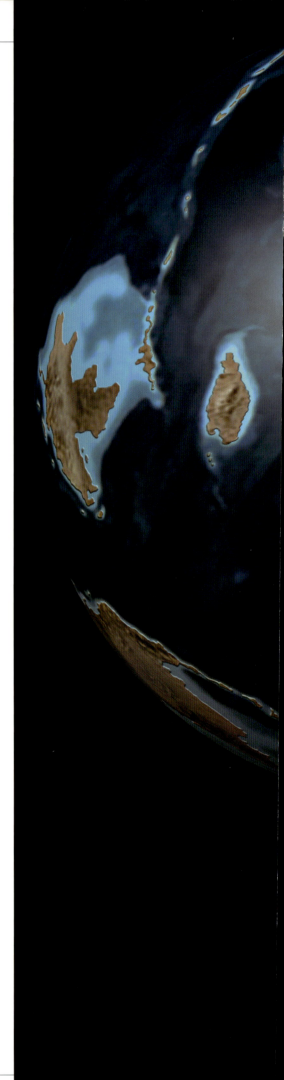

奥陶纪（大约 4 亿 7000 万年前）时地球的模样

当时地球上有着据说是规模最大的冈瓦纳古陆以及一些小规模的大陆和群岛。据推测，极地地区也曾短期存在过冰盖。在冈瓦纳古陆的另一侧是一片广阔的大洋，叫作"泛大洋"。

因为剧烈的地壳运动，火山喷发和地震频频发生。

杰出人物

地质学家
爱德华·休斯
(1831—1914)

"冈瓦纳古陆"的命名者

在阿尔弗雷德·魏格纳发表大陆漂移说的大约 30 年前，这位爱德华·休斯便提出存在超级大陆的假说。时任维也纳大学地质学教授的休斯注意到非洲、南美和印度地区的地质相似，便将这三块大陆连起来命名为冈瓦纳古陆。他认为是冈瓦纳古陆沉入大海，陆地分裂，才形成了现在的这三块大陆。虽然 20 世纪 60 年代确立的板块构造说否定了这个假说，但休斯的发现十分接近于事实，于是冈瓦纳古陆这个称呼沿用至今。

冈瓦纳古陆

现在我们知道！

从温暖湿润的气候到浅海后退的冰川时代

现在位于南半球的各块大陆曾经是相连接的——这一学说是从 19 世纪发现了重要的植物化石"舌羊齿"之后开始形成的。

舌羊齿虽然主要生长在奥陶纪之后大约 2 亿年的二叠纪，但在构成冈瓦纳古陆的南美洲、非洲、印度、南极、澳大利亚等大陆都有发现。根据这些发现，爱德华·休斯提出了冈瓦纳古陆存在的可能性，20 世纪的地质学家们证明了它的存在。

罗迪尼亚古陆的分裂与冈瓦纳古陆的诞生

元古宙晚期

大约 7 亿年前，劳伦古陆的北部形成一条将大陆撕裂的裂缝，称为断裂带，将澳大利亚、南极古陆东部等割裂开来。

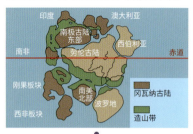

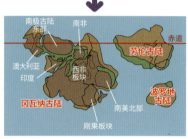

古生代早期

从劳伦古陆上割裂开来的陆地进行逆时针旋转，与非洲和南美板块相撞，从而形成冈瓦纳古陆。在大约 6 亿年前，劳伦古陆与波罗地古陆之间也形成断裂带，海洋开始扩大。

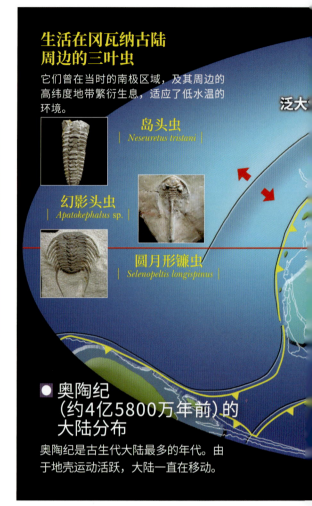

生活在冈瓦纳古陆周边的三叶虫

它们曾在当时的南极区域，及其周边的高纬度地带繁衍生息，适应了低水温的环境。

岛头虫
Neseuretus tristani

幻影头虫
Apatokephalus sp.

圆月形镰虫
Selenopeltis longispinus

奥陶纪（约 4 亿 5800 万年前）的大陆分布

奥陶纪是古生代大陆最多的年代。由于地壳运动活跃，大陆一直在移动。

大陆分布的确立与植物登陆

根据地质学家保罗·霍夫曼设想的模型，罗迪尼亚古陆分裂而在南半球形成的冈瓦纳古陆由于激烈的地壳运动而开始逆时针旋转。古生代早期位于大陆西端的澳大利亚和南极古陆，在旋转过程中与西非、刚果等板块相撞，之后又跨过赤道，在大陆的北端稳定下来，而位于它正反面的北非则移动到了极地。

此时陆地上也发生了极大的变化。在温暖湿润的奥陶纪早期，每下一次雨，荒凉的大地上就会出现短期的河流和沼泽。在植物尚未繁盛的大地上，积水很快就会干涸。能够适应这种严峻的水环境变化的原始植物，则有了从海洋登陆的可能性。

现今得到认定的最古老的苔藓植物产生于 4 亿 7000 万年前，是地钱的远亲，有孢子和孢子囊[注1]。苔藓植物的孢子较为耐寒，它们可能是静静地等到有水的时候才开始发芽的。但它的孢子与现存的孢子形状不同，因此并不清楚它具体是怎样的植物。

文明与地球

冈德族

"冈瓦纳古陆"因此得名

"冈瓦纳"的称呼来自居住在印度中部的冈德族。在印度发现了提示超级大陆存在的地层和化石。冈德族大约从 14 世纪起统治印度中部，现在主要居住于德干高原，人口为 300 万～ 400 万人。冈德族所统治地域的地层被称为"冈瓦纳构造"。

印度中部恰蒂斯加尔邦的冈德族

确证冈瓦纳古陆存在的舌羊齿化石

拥有类似蕨类植物的舌形叶和种子的种子蕨，在三叠纪灭绝。因为是在冈瓦纳古陆上繁盛的植物，所以叫作"冈瓦纳植物群"。

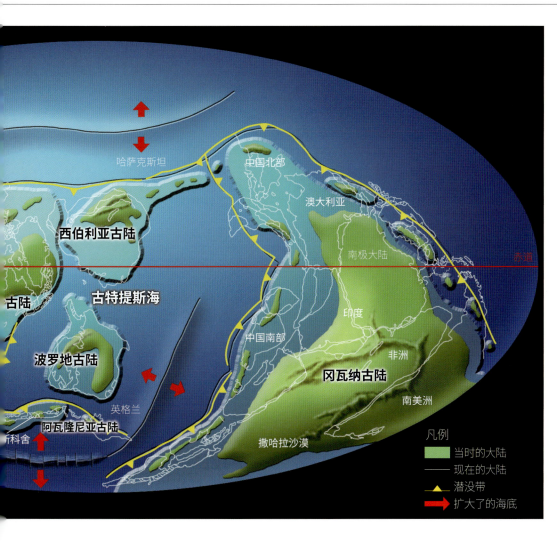

哈萨克斯坦

中国北部

澳大利亚

西伯利亚古陆

南极大陆   赤道

古陆   古特提斯海

中国南部

印度

波罗地古陆   非洲

冈瓦纳古陆

英格兰   南美洲

阿瓦隆尼亚古陆

科舍

撒哈拉沙漠

凡例
- 当时的大陆
—— 现在的大陆
▲ 潜没带
➡ 扩大了的海底

科学笔记

【孢子与孢子囊】 第114页 注1
孢子是蕨类植物、苔藓植物、藻类、菌类等为繁殖而形成的生殖细胞，有厚而坚固的膜所保护，耐受严苛的环境。孢子囊是内部形成孢子的细胞，是袋状组织。

【泛大洋】 第115页 注2
存在于古生代晚期到中生代早期的大洋。面积约为3亿3000万平方千米，相当于地球表面积的2/3。

【古特提斯海】 第115页 注3
约1亿8000万年前，超级大陆"泛大陆"分裂，产生特提斯海，位于劳伦古陆和冈瓦纳古陆之间。而泛大陆形成之前的同一片海域则称为古特提斯海。特提斯之名来自希腊神话中海神之妻特里忒。

促进了进化的大陆分裂

那么海洋里又是什么情况呢？北半球的绝大部分都被泛大洋[注2]所占据。在劳伦古陆和波罗地古陆之间是巨神海，而在波罗地古陆和冈瓦纳古陆之间是古特提斯海[注3]。大陆的周边形成浅海，许多生物在此繁衍生息。

对海洋生物来说，大陆的分裂、移动无疑是生死攸关的大事，因为大陆的分裂会带来强制性的环境变化。在大海中被隔开的不同区域内，发现有不同种类的三叶虫繁衍生息，据此可以认为，生物的进化以适应新环境。

但是，进入奥陶纪晚期之后，在冈瓦纳古陆在极地附近的地域开始形成冰川，海洋生物又一次遭遇危机。北非、巴西、安第斯地区等地被冰川覆盖，不久后，持续了近2000万年的冰川时代到来，孕育了生命的浅海随之后退。

之后虽然一度回暖，但在奥陶纪末，大规模的冰期再次到来，许多海洋生物不见了踪影。

近距直击

奥陶纪的天体撞击破坏事件

科学家研究瑞典石灰岩矿山中发现的陨石，发现4亿8000万年前小行星带发生大规模天体撞击事件。直径超过50千米的小行星解体后，一部分碎片形成流星雨降落到地球上。据推测，当时发生陨石坠落的频率是现在的25～100倍。

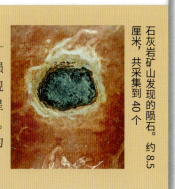

石灰岩矿山发现的陨石。约8.5厘米，共采集到40个

大约2亿年后，包括冈瓦纳古陆在内的所有大陆再次聚集，形成泛大陆。

奥陶纪末大灭绝

化为生物坟场的奥陶纪之海

在显生宙第一次发生了大灭绝事件。
在温暖的气候之下，讴歌着世界之春的生物，突逢意想不到的悲剧。

袭击生物的急剧气候变化

奥陶纪中期至晚期，生物的多样性大量增加。它们在长期持续的温暖气候中繁盛一时，这就是所谓"奥陶纪生物大辐射"。

然而，这个生物的乐园，到了奥陶纪末却完全变样了。因为气候急剧变冷，冰期到来了。冈瓦纳古陆朝南极点方向的移动也被认为有所关联，但确切的原因还未探明。其结果是大陆上开始发育冰床，本应回归大海的水急剧减少，海平面明显下降。

但是，这个冰期不知为何在100万年后宣告结束。地球再一次变暖，冰川消融，大海又恢复了原来的水量。

在短短100万年间发生的气候大改变——它所带来的，正是奥陶纪末大灭绝事件。

纵观整个显生宙，大灭绝事件被确认发生了五次，称为"五次大灭绝事件"。奥陶纪的大灭绝事件是最早发生的，规模之大位居第二，堪称空前的大事件。

珊瑚　水母　腕足动物　海百合　三叶虫　苔藓虫　鹦鹉螺类

**显生宙最早的一起大灭绝事件
摧毁了多样化的生物**

"寒武纪大爆发"发生之后，到了奥陶纪，生物多样化也一直持续着。然而，骤然发生了令85%的海洋生物灭绝的事件，大海又变为一片死寂。

 新闻聚焦

奥陶纪的寒武纪生物

　　根据2010年美国耶鲁大学的国际研究团队发表的研究成果，在非洲西北部摩洛哥的奥陶纪地层中，发现了1500个与寒武纪大爆发时出现的动物群十分相似的化石。在此之前，这个怪异的动物群被认为已经在寒武纪末灭绝了。

　　它们的化石在此之前发现于加拿大的布尔吉斯和中国的澄江等地。奥陶纪时摩洛哥应位于南极，这个奇妙的动物群被发现于此，证明它们的生存时期比原来认为的要长，而且，其生存范围有可能遍布全球。

大量生物因为某种原因在短时间内灭绝的现象我们叫它大灭绝。

奥陶纪末大灭绝

从大辐射到大灭绝——急转直下的悲剧

生物自诞生以来，曾遭遇过数次灭绝。即使是现在，我们在日常生活中也经常听到野生物种灭绝的新闻。

显生宙的五次大灭绝事件，是指奥陶纪末、泥盆纪晚期、二叠纪末、三叠纪末、白垩纪末发生的五次生物灭绝事件。其原因是多方面的。

比如地球史上规模最大的二叠纪末灭绝事件，造成全生物种类的90%～95%灭绝。有观点认为，此次生物灭绝事件的起因是，泛大陆的形成与分裂导致大规模的火山活动，环境变化随之而来（如海洋缺氧事件等）。白垩纪末的灭绝事件因恐龙的灭绝而闻名，"陨石撞击说"是主流观点。

奥陶纪末的灭绝事件是"五次大灭绝事件"中最早发生的，规模之大位居第二。这起事件是什么原因，又是怎样发生的呢？

从气候变冷到气候变暖，灭绝分两个阶段发生

寒武纪期间，生物开始爆发并呈现多样性。进入奥陶纪，生物依然在加速繁荣，史称"奥陶纪生物大辐射"。然而到了奥陶纪末，85%的海洋生物惨遭灭绝。三叶虫、腕足动物、珊瑚类、笔石、牙形刺动物等都遭到毁灭性打击。

这场大灭绝经历两个阶段。第一个阶段是气候急剧变冷。在这个阶段，

观点 碰撞

生物大灭绝的原因是γ射线大爆发?!

2005年，美国堪萨斯州州立大学与美国宇航局的科学家联合发表了关于奥陶纪末大灭绝原因的新假说。该假说认为，当时，位于6000光年以外的大质量恒星发生爆炸，放出的高能射线γ射线席卷地球。不到10秒就破坏了半个臭氧层，大量的紫外线照射造成生物死亡。臭氧层在那5年后仍有10%处于破坏状态，浅海生物有一大半灭绝了。与此同时，大气结构可能发生了变化，酸雨造成气候变冷。

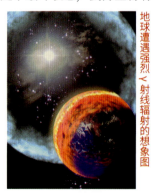

地球遭遇强烈γ射线辐射的想象图

"五次大灭绝事件"与其他主要的生物灭绝事件

下图纵坐标表示海洋生物"科"的数量，横坐标表示地质年代。"五次大灭绝事件"发生的时期记作❶～❺，其他生物灭绝事件的时期记作Ⓐ～Ⓔ。可以看出，灭绝事件发生时"科"的数量显著减少。虽然图中没有体现出来，但在新生代第四纪（285万8000年前至今），也曾有过犀牛、野牛等大型哺乳动物急剧减少的时期。

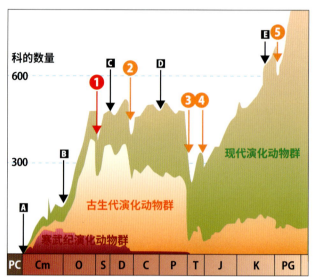

科的数量

现代演化动物群

古生代演化动物群

寒武纪演化动物群

PC Cm O S D C P T J K PG

PC: 前寒武纪 Cm: 寒武纪 O: 奥陶纪 S: 志留纪 D: 泥盆纪
C: 石炭纪 P: 二叠纪 T: 三叠纪 J: 侏罗纪 K: 白垩纪 PG: 古近纪

"五次大灭绝事件"	
❶奥陶纪末	4亿4340万年前，海洋物种的85%灭绝
❷泥盆纪晚期	3亿8000万年前—3亿6000万年前，全部物种的82%灭绝
❸二叠纪末	约2亿5200万年前，全部物种的90%～95%灭绝
❹三叠纪末	2亿13万年前，全部物种的76%灭绝
❺白垩纪末	6600万年前，恐龙等全部物种的70%灭绝

其他主要生物灭绝事件	
Ⓐ元古宙末	约5亿4100万年前，埃迪卡拉生物群灭绝
Ⓑ寒武纪末	约4亿8540万年前，腕足动物和三叶虫大量减少
Ⓒ志留纪末	约4亿1920万年前，笔石等减少
Ⓓ石炭纪晚期	约3亿年前，两栖类和倍足类等大量减少
Ⓔ白垩纪晚期	约9390万年前，海洋物种的33%～55%灭绝

冈瓦纳古陆正位于南极地区。在当时位于南极点的北非（西起摩洛哥，东至苏丹）发现了奥陶纪末的冰碛物地层，温暖海域的珊瑚形成的石灰岩在这个时期数量减少，这两点显示当时发生过气候变冷的现象。

当时，气温下降了8～10摄氏度，降雪不断堆积，大陆上冰床开始发育。本应从大陆回归海洋的水被纳入冰床，海平面下降了50～100米，浅海区域露出海面。生活于浅海，没能逃往深海的水底生物[注1]和漂浮生物受到巨大打击。这就是灭绝的第一阶段。作为标准化石最为著名的笔石，在这一阶段陷入毁灭。虽然能够适应寒冷环境的"赫南特贝动物群"[注2]

对笔石
Didymograptus

笔石动物的一种，会形成群体。当初人们曾认为它并不是生物而是一种石头。在奥陶纪末灭绝。

曾繁盛一时，但也只是暂时性的。

过了短短 100 万年，气候陡然变暖。在如此短的时间里，气候由冷变暖，究竟意味着什么呢？仅仅是由于冈瓦纳古陆移动到南极地区吗？不是。有人认为，气候变冷的原因，其一是生物繁殖力的增大，其二是大陆的侵蚀作用活跃，造成的大气中二氧化碳浓度暂时性下降。

不管怎么说，由于气候变暖，冰床融解，融化的水流入大海使其水量再次增加。原本以为熬过"第一阶段"的生物会重新焕发生机，不曾想，这场气候变暖正是灭绝第二阶段的导火索。

令生物窒息的缺氧水体

气候变暖使得海平面恢复。然而这时，缺氧水体出现了。这对生物来说是最大的威胁。缺氧水体是指含氧量极低、生物无法生存的水体。其中的生物很快就会窒息死亡。

其实，这种极具威胁性的现象现在也时有发生。下面举例说明其形成机制：化肥、生活废水、工厂废水所含的氮和磷过量排入海洋，海水呈富营养状态。这样一来，浮游植物增殖，海水表面发生赤潮，而在底层，细菌分解浮游生物残骸的过程

文明与地球 中国三峡大坝

世界最大的水力发电大坝与化石的关系

三峡大坝是世界最大的水力发电大坝，建于长江中游，总输出功率达 2250 万千瓦。为了建设这座水力发电大坝，发动了大规模移民（至 2020 年达到 230 万人）。大坝在建设过程中，也发现了 6 亿 3000 万年前的冰碛物等珍贵的地质学证据。三峡地区发现的代表奥陶纪的直角石化石闻名世界。

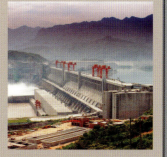

三峡大坝。周边发现了珍贵的地层和化石

科学笔记

【水底生物】 第118页 注1
固定在海底或水底，或匍匐于水底生活的生物的总称。又叫底栖生物。有海藻类、贝类、甲壳类、棘皮动物等。

【赫南特贝动物群】 第118页 注2
赫南特是奥陶纪最晚期的年代名称。赫南特贝动物群是指在由冰川的侵蚀、搬运、沉积作用而生成的漂砾岩中发现的动物群（适应了气候变冷的一部分三叶虫、腕足动物、珊瑚等）。

寒武纪与奥陶纪的分界线

位于加拿大纽芬兰岛格罗斯莫恩国家公园内的"绿点"，干潮时可以看见体现寒武纪与奥陶纪分界线的地层。

显示出赫南特地层基底的地方

中国湖北省宜昌市区北面的露头。黄色测量尺的正中间大致相当于赫南特地层基底的位置。

消耗了大量的氧，局部产生含氧量极少的缺氧水体。缺氧水体虽然也会受到季节、地形、气候、水循环状况等影响，但20世纪60年代后有报告称，产生缺氧水体的海域每10年都会倍增。

现代的缺氧水体是农业和工业发达、生活水平的提高导致的。那么，奥陶纪时的缺氧水体是如何产生的呢？

气候寒冷期结束后，冰床融化，火山活动和造山运动再次活跃起来。火山灰落入海洋，陆地与陆地发生摩擦，河流和海洋侵蚀陆地，造成流入海洋的营养盐（氮、磷等）增多。海洋恰好形成与现代相同的富营养化状态，浮游植物激增。

沉积在海底的大量浮游植物残骸分解，消耗大量氧气，由此形成大量缺氧水体。它们随着海平面的上升而上涌，生活在海洋最底层到中间层的生物被赶尽杀绝了。

短时间内气候由冷变暖，随之而来的海平面上下变动，缺氧水体来袭，面对这些大灾变，生物毫无招架之力。但是，也有一些生物勉强撑过了这场大灭绝，幸存下来。正是它们，敲开了下一个时代——志留纪的大门。

🔍 近距直击

日本最古老的化石，是奥陶纪的神秘生物化石——牙形刺

日本几乎没有发现过奥陶纪的地层，岐阜县高山市奥飞驒温泉乡是难得的例子。1980年，在上宝村福地（当时）发现了水蚤的近亲——贝形虫的化石。那是奥陶纪的生物，曾被认为是日本最古老的化石。然而，其实它并非直接从地层中被发现，而是包含在掉落于山谷中的岩石里。17年后，在上宝村一重之根（当时）的地层中，发现了明确属于奥陶纪的化石——牙形刺，后来被认证为日本最古老的化石。在很长时间里，牙形刺来历不明，现在被认为是无颌类动物的牙齿。

发现牙形刺的上宝村现在的景象

陆地生态系统的建立带来的地球生物圈的一大变革

成为陆地霸主的地衣类

首先称霸陆地的究竟是怎样的真核生物呢？研究认为，被紫外线照射的荒凉陆地的霸主，很可能是原核生物蓝藻、苔藓类、菌类的共生体（分类学上属于菌类的近亲）"地衣类"。地衣类虽随处可见，并不起眼，殊不知它是山火之后荒地上的先驱者。无论严寒还是灼热，它都可以在裸地上匍匐生息。蓝藻是生产者，苔藓类也是生产者，菌类是分解者。菌类还会供应磷、氮等营养盐。

科学家研究孢子化石发现，在大约5亿年前地衣类开始繁盛。地衣类可以抑制陆地被侵蚀和土壤流失，这一事实很少有人知道。土壤有保水作用，甚至可以将河流的形态由网状改造为蛇型。也就是说，当时由地衣铺就的"地毯"，使得陆地营养盐的形成和贮存形式、河流带入大海的营养盐供给形式、流域的营养盐存在形式均发生了巨大的变化。在奥陶纪，疑源类、小型节肢动物、多孔动物、刺胞动物、苔藓虫、棘皮动物等依次繁盛起来。对于这种现象，只需回想在全球冻结结束后，由

■ 分布在中国湖北省宜昌地区的下部奥陶系

奥陶纪海积层发现的化石显示，首先是初级生产者疑源类（包括拥有有机质外壁的藻类在内的微体化石）繁盛壮大，紧接着初级消费者——小型节肢动物（甲壳类），随后是高级消费者——滤食者、悬浊物摄食者（多孔动物、刺胞动物、苔藓虫、棘皮动物）等逐次繁盛了起来。

■ 锶同位素比值的变迁与动物群多样性的变化

这张图表显示，大约5亿年前（寒武纪与奥陶纪）的分界点前后锶同位素比值发生了转变，叫作"寒武纪-奥陶纪锶终结事件"。

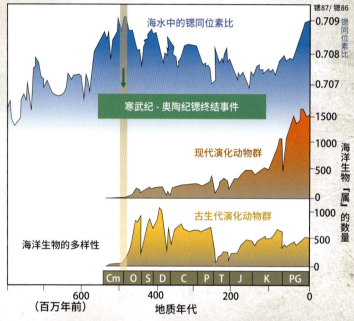

于陆地被侵蚀，海洋中的营养盐增加，蓝藻繁盛，"大氧化事件"发生，以及"寒武纪大爆发"的原动力——捕食者与被捕食者之间的"生态学连锁反应"，就不难理解了。

建构"能量收支模型"的必要性

然而，是否存在大约5亿年前陆地侵蚀作用减弱的证据呢？岩石中的锶同位素比值（锶87/锶86）就是确定"大陆地壳侵蚀程度"所用的指标。太阳系形成时，它的值是0.699，而现在的海水中，这个值在任何地方都是0.709。锶同位素比值会因年代的不同或增或减，呈一定的特征。从约4000万年前开始直到现在，伴随着喜马拉雅山脉的上升带来的侵蚀作用加剧，这个值也一直在增加。该同位素比值以大约5亿年前为界，发生了从增加趋势朝降低趋势的急剧转变（陆地的侵蚀作用减弱）。

今后，复原大约5亿年前的海陆分布和海洋循环系统，建构"能量收支模型"以再现营养盐的生产—供给—循环形式，对当时生态系统内的物质和能量的交换进行动态的定量解析，是十分必要的。奥陶纪中期至晚期发生的"奥陶纪生物大辐射"，是陆地生态系统和海洋生态系统之间的连锁作用的结果，而且是决定地球生物环境进一步变迁的一大因素，这一认识是不可欠缺的。

江崎洋一，1961年生。北海道大学理学研究科地质学矿物学专业博士。研究地球与生物的相互作用。2001年获日本古生物学会学术奖。著有《古生物的科学》（合著，朝仓书店），《古生物学事典》（合著，朝仓书店），《生物学辞典》（合著，岩波书店）等。

【笔石类】
接近半索动物的生物。在奥陶纪大灭绝中幸存下来的一两个物种生存到了石炭纪。

【牙形刺动物】
与七鳃鳗血缘相近的无颌类。曾在寒武纪到三叠纪的地层中发现可能是其牙齿的微型化石。

【疑源类】
原始藻类，直径10～500微米的放射状微化石。

【三叶虫】
寒武纪出现，在奥陶纪末，超过九成灭绝，彻底灭绝于二叠纪。是最具代表性的古生代节肢动物。

【腕足动物】
长有两枚壳的无脊椎动物，生活在水底。与双壳贝相似，但并不是软体动物，被分类到腕足动物门。

【苔藓虫】
全长约1毫米的外肛动物。会通过由碳酸钙等构成的外壁形成群体的骨骼，附着在岩石、海藻或贝类上。

【棘皮动物】
棘皮动物门下属生物的总称，包括海百合、海参等。全世界范围内现存约7350种。

【四射珊瑚类】
会分泌石灰质外骨骼的刺胞动物，从外壁内部四个地方形成隔壁。形成群体的种类也不在少数。于二叠纪末灭绝。

【床板珊瑚类·层孔虫类】
床板珊瑚类是会分泌石灰质外骨骼的刺胞动物，会形成群体。水平方向长有叫作"床板"的隔板。层孔虫类会分泌外骨骼，属于海绵动物。水平方向会形成薄层，垂直方向会长出柱体，形成礁石。

地球进行时！

如今依然存在的缺氧水体

缺氧水体比起无氧水体，只多含了极少量的氧。在海水的循环较弱、容易停滞的"封闭海域"（如墨西哥湾、黑海、波罗的海、亚得里亚海、黄海，日本的东京湾、伊势湾、三河湾、大阪湾等）中可以见到。在黑海，由于经济的衰退，沿岸海域氮和磷的流出量减少，缺氧水体被认为已经消失了。各国都站在渔业保护的角度，全力寻找对策。东京湾也安装了缺氧水体监测系统，主要在发生率较高的春秋季节实施监测。

东京都台场海底，受缺氧环境的影响，含硫化铁的淤泥中，散布着死亡的贝类

奥陶纪末生物大灭绝的过程

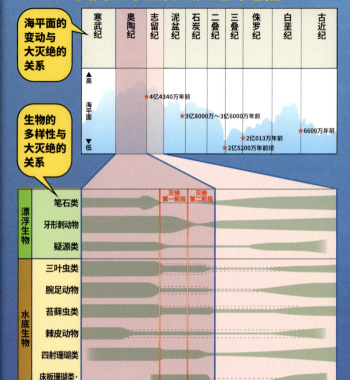

【海平面的变动与大灭绝的关系】（上）
这是表示海平面的下降与"五次大灭绝事件"关系的图。但是，根据最近的研究，也有大灭绝事件与海平面的下降并不完全一致的案例。

【生物的多样性与大灭绝的关系】（下）
每一个分类群，种类的多样性都由线条的粗细来表示。线变细的部分属于大灭绝时期。可以看出，奥陶纪末的大灭绝是分两个阶段发展的。

气候变暖造成海进

100万年后，气候转暖，海水前进。随着海平面的上升，原本滞留于深海的缺氧水体上涌，生活在深海的生物几乎灭绝。

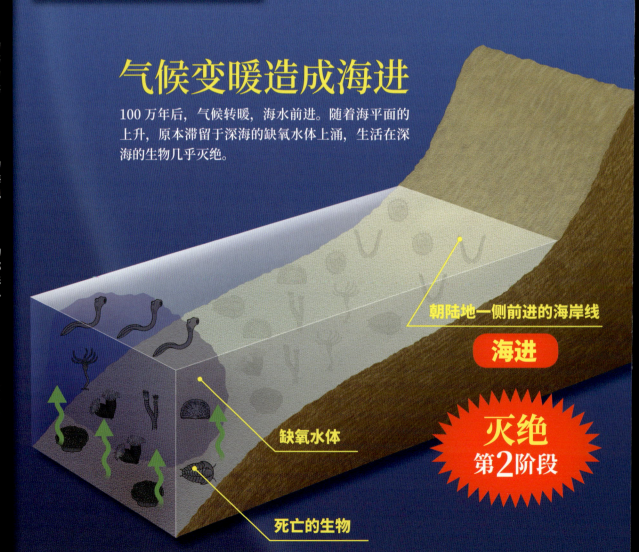

朝陆地一侧前进的海岸线

海进

缺氧水体

死亡的生物

灭绝 第2阶段

生物大辐射的情况

在奥陶纪，气候长时间维持较为温暖的状态。从中期到晚期，生物爆发性地多样化了。

100万年后

气候变冷造成海退

奥陶纪末，气候急遽变冷。大陆上形成冰盖，海面持续后退，生活在浅海域的生物几乎灭绝。

奥陶纪末，地球迎来冰期，气温降低了8～10摄氏度。降雪很厚，形成冰床，本应回归海洋的水分减少，海平面不断下降。

过了短短100万年，气候陡然变暖。冰床融解，化为水流入大海，海平面上升。

这场造成生物大灭绝的环境变化的具体过程是怎样的？让我们一起来看一看吧!

冰盖

露出水面的浅海域

死去的生物

朝海水一侧后退的海岸线

海退

灭绝
第**1**阶段

123

奥陶纪的动物

| Ordovician Animals |

与寒武纪相比
各有千秋的多彩生物群

奥陶纪也是一个有丰富多彩生物登场的时代,不过大多数生物都在奥陶纪末大灭绝中消失了。这里介绍一些当时生态系统的生物化石。

奥陶纪的化石产地

世界各地都发现过奥陶纪的地层。这里列举一些主要产地。

Ⓐ **美国俄亥俄州辛辛那提**
这里可以发现奥陶纪晚期(4亿5840万年前—4亿4340万年前)的化石,以苔藓虫、棘皮动物、三叶虫等为主,共计数百种。

Ⓑ **俄罗斯圣彼得堡**
世界上数一数二的三叶虫产地。约4亿6000万年前,圣彼得堡周边地区被认为是温暖的浅海,曾有各种各样的三叶虫繁盛一时。

Ⓒ **摩洛哥费札瓦塔地层**
奥陶纪早期(4亿8540万年前—4亿7000万年前)的地层。2011年发现被认为已灭绝于寒武纪的奇虾化石。

Ⓓ **南非苏姆页岩**
奥陶纪最末(约4亿4500万年前)的地层,曾是受冰川影响的寒冷海域。

实物大小

【栉虫】

| Asaphus |

特征是仿佛蜗牛一般伸出的眼睛。据推测,它会像潜水艇一样潜伏在淤泥中,只将两只眼睛探出来,观察海水中的情况。但是,它的眼睛由坚硬的组织构成,并不能像蜗牛一样将眼收起来。有的科学家将其分类为新栉虫属。在寒武纪登场的三叶虫在奥陶纪极尽多样化,出现能够游动的流线型品种、身上长有尖刺武装自身的品种等,千姿百态,繁盛一时。

数据	
分类	三叶虫
全长	11厘米
年代	奥陶纪中期
产地	俄罗斯圣彼得堡

【甲鲎】

| Onychopterella |

广翅鲎的一种。化石上虽然没有被视为鲎特有器官的桨状肢,但能看到长有现生鲎身上可以见到的呼吸器官"页鳃"的痕迹。甲鲎在奥陶纪的下一个地质年代志留纪兴盛起来,曾有体长达2米的种类登场,是史上体形最大的节肢动物。

数据	
分类	广翅鲎
全长	约10厘米(化石)
年代	奥陶纪最晚期
产地	南非苏姆页岩

复原图。甲鲎曾是仅次于鹦鹉螺类的高级捕食者

【文兰贝】

| Vinlandostrophia |

栖息于浅滩的腕足动物。腕足动物是与软体动物双壳贝类相似的动物,但并不属于同一种类。双壳贝类的壳分左右,而腕足动物的壳则分背腹。据说文兰贝进化出厚实的壳,是为了在海流湍急的海域保持姿势。

文兰贝化石时常保存为立体形态。带有凹陷的壳是它的背面一侧

数据	
分类	腕足动物
全长	约2厘米
年代	奥陶纪晚期
产地	美国 俄亥俄州辛辛那提

【艾诺普罗拉】
| Enoploura |

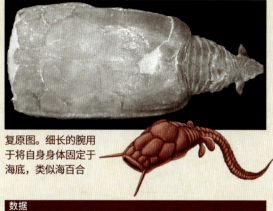

虽然和现生的海星同属棘皮动物，但有着鱼一样的流线型身体，十分神秘。有研究认为，复原图上看着像口的部位其实是它的肛门，而看着像尾巴的细长结构是腕部。它的生存状态几乎是个谜。

复原图。细长的腕用于将自身身体固定于海底，类似海百合

数据

分类	海果类
全长	不到10厘米
年代	奥陶纪晚期
产地	美国俄亥俄州辛辛那提

【正笔石】
| Orthograptus |

古生代浮游生物笔石的一种。形成群体，留下照片中这样的化石。它们是细长的筒状生物，锯齿的部分可能是孢子群，尖端有细小的刺。笔石的学名"Graptolithina"中的"graptos"在希腊语中意为书写工具，命名来自其类似羽毛笔的形状。

数据

分类	笔石
全长	最大约6厘米
年代	奥陶纪晚期到志留纪早期
产地	世界各地

【伊索洛芙斯】
| Isorophus |

棘皮动物的一种，属于一种叫作"座海星"的灭绝种族。形状像圆盘上趴着一只现生的海星。研究表明，在形似海星的部分中央有口，圆盘部分长有肛门。曾匍匐在海底生活。

伊索洛芙斯的复原图。在圆盘部分长有类似鳞片的结构

数据

分类	座海星
全长	约3毫米
年代	奥陶纪晚期
产地	美国俄亥俄州辛辛那提

【埃斯卡罗波拉虫】
| Escharopora |

埃斯卡罗波拉虫是繁盛于奥陶纪的一种苔藓虫，横在照片中央长条形的就是它的化石。苔藓虫是一种身体柔软的微小动物，会形成以方解石为外壁的群体。在照片上每一个细小的孔里都有一只珊瑚虫。

现生苔藓虫的放大照片。深绿色的就是苔藓虫

数据

分类	苔藓虫
全长	约3厘米（群体）
年代	奥陶纪晚期
产地	美国俄亥俄州辛辛那提

科技发现

能告诉我们地层年代的"标准化石"

奥陶纪地层或是恐龙生活的白垩纪地层，在外行人的眼中几乎没什么区别。近年来，调查地层年代的主流方法是根据岩石的碳同位素比等来判断，但还有一种方法是通过地层中产出的化石来判定年代，这些化石被称为"标准化石"。像笔石、菊石、牙形刺、三叶虫等，广泛分布于各个年代，它们能在短时间内进化并改变形态，所以它们的化石是很适合作为标准化石。

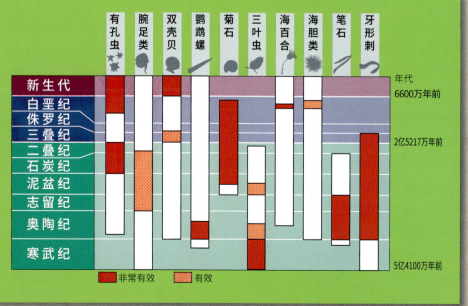

远古时代风貌尚存的岛屿

塔斯马尼亚原生态地区

位于澳大利亚塔斯马尼亚州，1982年、1989年被列入《世界遗产名录》。

塔斯马尼亚岛是澳大利亚大陆以南240千米处的岛屿。这座岛屿和澳大利亚本土的环境不同，可见冈瓦纳古陆残存的植被、冰川时代形成的冰川地形、独特的动植物生态系统。要探明至今仍有诸多疑点的大陆漂移状况，线索就藏在这里。

进化独特的动物

袋獾

体长50～80厘米，袋鼬科中体形最大的一种。有着可以咬碎动物尸骸的强韧下颌，人称"森林清洁工"。

小袋鼠

身体浑圆的有袋类动物，比袋鼠体形小。较多夜行性品种，主要生活在塔斯马尼亚岛及周边各岛。

塔斯马尼亚袋熊

体长70～120厘米的有袋类动物。夜行，白天在地面上挖出的洞穴中度过。有敏锐的嗅觉和听觉，弥补较弱的视力。

鸭嘴兽

体长30～45厘米，虽是哺乳类，却长着水鸟一般的喙和蹼，在河流和湖水中生活。

克雷德尔山 - 圣克莱尔湖
国家公园

列入世界遗产的是西南部的 5 个
包含国家公园在内的原始森林地
区。克雷德尔山 - 圣克莱尔湖国家
公园内分布着无数形成于冰期的
冰川湖。公园内还有土著的遗迹，
因此这里也被列入了文化遗产。

天降异物

鱼从天而降的奇怪现象

某处本不该有的东西从天而降——这种天降异物的现象，从公元前起在世界各地均有发生。

日本江户时代的百科事典《和汉三才图会》中，有一个名为"怪雨"的版块，介绍中国西汉时发生的事情：汉成帝在位期间，天上曾经下过鱼。而在日本，江户时代的元禄年间也有天降棉花和兽毛的例子。

其中，"鱼雨"的现象在公元3世纪的古希腊文献当中有多处记录。1859年在英国威尔士还有人亲眼看到：

"上午11点多，我还在木材囤积处工作，忽然觉得有什么东西打中了我的后颈。我伸手一摸，发现居然是条小鱼。伴着零星小雨，大量的鱼掉了下来。我摘下帽子用来装鱼，结果很快就装满了。这些鱼不停地摆动身体，是活的。"

1901年，在美国南卡罗来纳州，曾有气象观测员报告："上百条小型的鲶鱼、鲈鱼、鳟鱼，从天而降，还发现有鱼在农田的水洼里游动。"1931年的《纽约时报》上，有一条内容为"法国的波尔多，有大量的鲈鱼落下，逼停汽车"的报道。1939年在关岛，1989年在澳大利亚的昆士兰州……"鱼雨"的事例不胜枚举。

根据大量证词，鱼是活着落到地面上的。即使是死去的鱼，也是新鲜得可以食用的。

这些鱼究竟经历了什么？

龙卷风能解释一切吗？

最合理的解释是，它是由伴有雷雨的强暴风雨或龙卷风引起的。

有人认为，龙卷风将海洋或湖泊的鱼带着水一并吸上天，带进巨大的积雨云里，直到风力减弱，它们才从天上落下。

实际上，在1913年的澳大利亚和1918年的英国，都有人目击了被龙卷风卷上天的鱼群。此外，1896年在德国，曾有鲫鱼以冷冻的状态落下来，想必是鱼随着上升气流被带到冰点以下的天空中。

然而，也有很多用龙卷风无法解释的案例。1833年在德国，天上曾下过3000多条鱼干。但没有人声明自己的鱼干被风刮走，说鱼一直飘浮在空中直到变成鱼干也不太现实。而且还有不同种类的鱼聚到一起从天上落下来的情况。不可思议的是，没有垃圾一起落下来，而

2009年，石川县七尾市停车场上的蝌蚪

16世纪到19世纪，欧洲各地有很多以"鱼之雨"为题的绘画，描绘天空中下鱼的景象

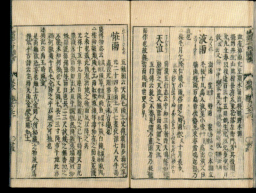

日本江户时代中期成书的百科事典《和汉三才图会》，模仿中国的《三才图会》，由大阪的医师编纂而成。所谓三才，即天、地、人

Q 现在的海平面是高还是低?

A 在地球最后一个冰期的全盛期(约1万8000年前),海平面比现在低了120米。但是,在大约6000年前就到达了现在的水平,而从3000年前到19世纪的变动率基本是固定的(每年0.1～0.2毫米),1900年以后有上升的倾向(每年1～3毫米)。今天,虽有全球气候变暖的威胁,但除最后一个冰期的全盛期之外,海平面低于现在水平的就只有2亿5000万年前P-T(二叠纪-三叠纪)的临界期。也就是说,在过去的5亿年里,海平面目前处于最低水平。现在,冰川覆盖着陆地面积的11%。据推测,如果南极和格陵兰岛的冰床全部融化,海平面将会上升约80米。

冰川融解,出现巨大的水路。
格陵兰岛卡纳克村附近

Q 七鳃鳗好吃吗?

A 七鳃鳗虽然名字里有"鳗"字,但和鳗鱼是完全不同的生物。鳗鱼是硬骨鱼类,而七鳃鳗是无颌类,没有颌,虽然是脊椎动物但脊椎骨的构造并不清晰完整。那么,七鳃鳗也和鳗鱼一样好吃吗?据说七鳃鳗富含维生素A,对眼睛很有好处,以前曾是制药的原料,也曾和鳗鱼一样被烤着吃或做成火锅吃。筋道的嚼劲和类似肝脏的口感是它的特征,寒冷时期捕获的个体十分肥美,在美食家中人气很高。做成刺身或烤内脏味道十分特殊。七鳃鳗不仅不能养殖,而且对环境变化十分敏感,所以捕获量年年在降低。

香味四溢的酱烤七鳃鳗

Q 下一次大灭绝会在什么时候发生呢?

A 奥陶纪末、泥盆纪晚期、二叠纪末、三叠纪末、白垩纪末分别发生了五次生物大灭绝。有的科学家认为,地球史上第六次生物大灭绝现在正在发生,起因是大气污染、森林采伐、水产资源的过度捕捞等。远古的五次大灭绝都持续了很长时间,而眼下正在发生的灭绝,速度比以往任何一次都要快得多。照现在的速度发展下去,现生物种的一大半很可能将在2100年以前灭绝。

濒临灭绝的物种正在急速增加。照片上是曾经在东南亚一带很常见的爪哇犀牛,现在仅存60余头,生活在爪哇岛国家公园

Q 现在的南半球植物中有冈瓦纳古陆起源的种类吗?

A 比较有名的起源于冈瓦纳古陆的植物是山龙眼科。山龙眼科植物含佛塔树、海神花、澳洲坚果等,下有75～80属,约1500种,大范围分布于非洲南部、南美、澳大利亚、新喀里多尼亚、马达加斯加岛、印度等地。隔海分布于各地的这些植物群被称为"冈瓦纳植物群",它们是证明南半球大陆曾经连在一起的活物证。

(左图)生长在澳大利亚的佛塔树
(上图)帝王花。南非的国花

这套书一言以蔽之就是"大"：开本大，拿在手里翻阅非常舒适；规模大，有 50 个循序渐进的专题，市面罕见；团队大，由数十位日本专家倾力编写，又有国内专家精心审定；容量大，无论是知识讲解还是图片组配，都呈海量倾注。更重要的是，它展现出的是一种开阔的大格局、大视野，能够打通过去、现在与未来，培养起孩子们对天地万物等量齐观的心胸。

面对这样卷帙浩繁的大型科普读物，读者也许一开始会望而生畏，但是如果打开它，读进去，就会发现它的亲切可爱之处。其中的一个个小版块饶有趣味，像《原理揭秘》对环境与生物形态的细致图解，《世界遗产长廊》展现的地球之美，《地球之谜》为读者留出的思考空间，《长知识！地球史问答》中偏重趣味性的小问答，都缓解了全书讲述漫长地球史的厚重感，增加了亲切的临场感，也能让读者感受到，自己不仅是被动的知识接受者，更可能成为知识的主动探索者。

在 46 亿年的地球史中，人类显得非常渺小，但是人类能够探索、认知到地球的演变历程，这就是超越其他生物的伟大了。

——清华大学附属中学校长

纵观整个人类发展史，科技创新始终是推动一个国家、一个民族不断向前发展的强大力量。中国是具有世界影响力的大国，正处在迈向科技强国的伟大历史征程当中，青少年作为科技创新的有生力量，其科学文化素养直接影响到祖国未来的发展方向，而科普类图书则是向他们传播科学知识、启蒙科学思想的一个重要渠道。

"46 亿年的奇迹：地球简史"丛书作为一套地球百科全书，涵盖了物理、化学、历史、生物等多个方面，图文并茂地讲述了宇宙大爆炸至今的地球演变全过程，通俗易懂，趣味十足，不仅有助于拓展广大青少年的视野，完善他们的思维模式，培养他们浓厚的科研兴趣，还有助于养成他们面对自然时的那颗敬畏之心，对他们的未来发展有积极的引导作用，是一套不可多得的科普通识读物。

——河北衡水中学校长

"46亿年的奇迹：地球简史"值得推荐给我国的少年儿童广泛阅读。近20年来，日本几乎一年出现一位诺贝尔奖获得者，引起世界各国的关注。人们发现，日本极其重视青少年科普教育，引导学生广泛阅读，培养思维习惯，激发兴趣。这是一套由日本科学家倾力编写的地球百科全书，使用了海量珍贵的精美图片，并加入了简明的故事性文字，循序渐进地呈现了地球46亿年的演变史。把科学严谨的知识学习植入一个个恰到好处的美妙场景中，是日本高水平科普读物的一大特点，这在这套丛书中体现得尤为鲜明。它能让学生从小对科学产生浓厚的兴趣，并养成探究问题的习惯，也能让青少年对我们赖以生存、生活的地球形成科学的认知。我国目前还没有如此系统性的地球史科普读物，人民文学出版社和上海九久读书人联合引进这套书，并邀请南京古生物博物馆馆长冯伟民先生及其团队审稿，借鉴日本已有的科学成果，是一种值得提倡的"拿来主义"。

——华中师范大学第一附属中学校长

周鹏程

　　青少年正处于想象力和认知力发展的重要阶段，具有极其旺盛的求知欲，对宇宙星球、自然万物、人类起源等都有一种天生的好奇心。市面上关于这方面的读物虽然很多，但在内容的系统性、完整性和科学性等方面往往做得不够。"46亿年的奇迹：地球简史"这套丛书图文并茂地详细讲述了宇宙大爆炸至今地球演变的全过程，系统展现了地球46亿年波澜壮阔的历史，可以充分满足孩子们强烈的求知欲。这套丛书值得公共图书馆、学校图书馆乃至普通家庭收藏。相信这一套独特的丛书可以对加强科普教育、夯实和提升我国青少年的科学人文素养起到积极作用。

——浙江省镇海中学校长

人类文明发展的历程总是闪耀着科学的光芒。科学，无时无刻不在影响并改变着我们的生活，而科学精神也成为"中国学生发展核心素养"之一。因此，在科学的世界里，满足孩子们强烈的求知欲望，引导他们的好奇心，进而培养他们的思维能力和探究意识，是十分必要的。

　　摆在大家眼前的是一套关于地球的百科全书。在书中，几十位知名科学家从物理、化学、历史、生物、地质等多个学科出发，向孩子们详细讲述了宇宙大爆炸至今地球 46 亿年波澜壮阔的历史，为孩子们解密科学谜题、介绍专业研究新成果，同时，海量珍贵精美的图片，将知识与美学完美结合。阅读本书，孩子们不仅可以轻松爱上科学，还能激活无穷的想象力。

　　总之，这是一套通俗易懂、妙趣横生、引人入胜而又让人受益无穷的科普通识读物。

——东北育才学校校长

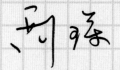

　　读"46 亿年的奇迹：地球简史"，知天下古往今来之科学脉络，激我拥抱世界之热情，养我求索之精神，蓄创新未来之智勇，成国家之栋梁。

——南京师范大学附属中学校长

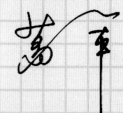

　　我们从哪里来？我们是谁？我们要到哪里去？遥望宇宙深处，走向星辰大海，聆听 150 个故事，追寻 46 亿年的演变历程。带着好奇心，开始一段不可思议的探索之旅，重新思考人与自然、宇宙的关系，再次体悟人类的渺小与伟大。就像作家特德·姜所言："我所有的欲望和沉思，都是这个宇宙缓缓呼出的气流。"

——成都七中校长

易国栋

看到这套丛书的高清照片时，我内心激动不已，思绪倏然回到了小学课堂。那时老师一手拿着篮球，一手举着排球，比画着地球和月球的运转规律。当时的我费力地想象神秘的宇宙，思考地球悬浮其中，为何地球上的江河海水不会倾泻而空？那时的小脑瓜虽然困惑，却能想及宇宙，但因为想不明白，竟不了了之，最后更不知从何时起，还停止了对宇宙的遐想，现在想来，仍是惋惜。我认为，孩子们在脑洞大开、想象力丰富的关键时期，他们应当得到睿智头脑的引领，让天赋尽启。这套丛书，由日本知名科学家撰写，将地球46亿年的壮阔历史铺展开来，极大地拉伸了时空维度。对于爱幻想的孩子来说，阅读这套丛书将是一次提升思维、拓宽视野的绝佳机会。

——广州市执信中学校长

何勇

　　这是一套可作典藏的丛书：不是小说，却比小说更传奇；不是戏剧，却比戏剧更恢宏；不是诗歌，却有着任何诗歌都无法与之比拟的动人深情。它不仅仅是一套科普读物，还是一部创世史诗，以神奇的画面和精确的语言，直观地介绍了地球数十亿年以来所经过的轨迹。读者自始至终在体验大自然的奇迹，思索着陆地、海洋、森林、湖泊孕育生命的历程。推荐大家慢慢读来，应和着地球这个独一无二的蓝色星球所展现的历史，寻找自己与无数生命共享的时空家园与精神归属。

——复旦大学附属中学校长

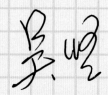

地球是怎样诞生的，我们想过吗？如果我们调查物理系、地理系、天体物理系毕业的大学生，有多少人关心过这个问题？有多少人猜想过可能的答案？这种猜想和假说是怎样形成的？这一假说本质上是一种怎样的模型？这种模型是怎么建构起来的？证据是什么？是否存在其他的假说与模型？它们的证据是什么？哪种模型更可靠、更合理？不合理处是否可以修正、如何修正？用这种观念解释世界可以为我们带来哪些新的视角？月球有哪些资源可以开发？作为一个物理专业毕业、从事物理教育30年的老师，我被这套丛书深深吸引，一口气读完了3本样书。

　　学会用上面这种思维方式来认识世界与解释世界，是科学对我们的基本要求，也是科学教育的重要任务。然而，过于功利的各种应试训练却扭曲了我们的思考。坚持自己的独立思考，不人云亦云，是每个普通公民必须具备的科学素养。

　　从地球是如何形成的这一个点进行深入的思考，是一种令人痴迷的科学训练。当你读完全套书，经历150个节点训练，你已经可以形成科学思考的习惯，自觉地用模型、路径、证据、论证等术语思考世界，这样你就能成为一个会思考、爱思考的公民，而不会是一粒有知识无智慧的沙子！不论今后是否从事科学研究，作为一个公民，在接受过这样的学术熏陶后，你将更有可能打牢自己安身立命的科学基石！

——上海市曹杨第二中学校长

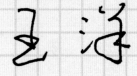

　　强烈推荐"46亿年的奇迹：地球简史"丛书！

　　本套丛书跨越地球46亿年浩瀚时空，带领学习者进入神奇的、充满未知和想象的探索胜境，在宏大辽阔的自然演化史实中追根溯源。丛书内容既涵盖物理、化学、历史、生物、地质、天文等学科知识的发生、发展历程，又蕴含人类研究地球历史的基本方法、思维逻辑和假设推演。众多地球之谜、宇宙之谜的原理揭秘，刷新了我们对生命、自然和科学的理解，会让我们深刻地感受到历史的瞬息与永恒、人类的渺小与伟大。

——上海市七宝中学校长

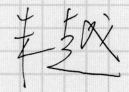

著作权合同登记号 图字01-2019-4558 01-2019-4559 01-2019-4560 01-2019-4561

Chikyu 46 Oku Nen No Tabi 9 Seibutsu No Daishinka Cambria Daibakuhatsu;
Chikyu 46 Oku Nen No Tabi 10 Cambria Ki Ni Arawareta Seimei No Kakumeikatachi;
Chikyu 46 Oku Nen No Tabi 11 Ordovician Ki No Saikyou Hoshokusha Nautilus Rui;
Chikyu 46 Oku Nen No Tabi 12 Seimeishi Ni Kizamareta Saisho No Tairyou Zetsumetsu
©Asahi Shimbun Publication Inc. 2014
Originally Published in Japan in 2014
by Asahi Shimbun Publication Inc.
Chinese translation rights arranged with Asahi Shimbun Publication Inc.
through TOHAN CORPORATION, TOKYO.

图书在版编目（CIP）数据

显生宙. 古生代. 1 / 日本朝日新闻出版著；张玉,
北昂, 傅栩译. -- 北京：人民文学出版社, 2020(2023.1重印)
（46亿年的奇迹：地球简史）
ISBN 978-7-02-016085-3

Ⅰ.①显… Ⅱ.①日… ②张… ③北… ④傅… Ⅲ.
①古生代－普及读物 Ⅳ.①P534.4-49

中国版本图书馆CIP数据核字(2020)第026556号

总 策 划 黄育海
责任编辑 朱卫净 吕昱雯 胡晓明 王雪纯
装帧设计 汪佳诗 钱　珺 李苗苗

出版发行 人民文学出版社
社　　址 北京市朝内大街166号
邮政编码 100705

印　　制 凸版艺彩（东莞）印刷有限公司
经　　销 全国新华书店等

字　　数 226千字
开　　本 965毫米×1270毫米　1/16
印　　张 9
版　　次 2020年9月北京第1版
印　　次 2023年1月第9次印刷

书　　号 978-7-02-016085-3
定　　价 115.00元

如有印装质量问题，请与本社图书销售中心调换。电话:010-65233595